KB051542

과학 용어 도감

그림으로 기억하는 과학 상식

KAGAKU YOGO ZUKAN written by Jun Mizutani, illustrated by Saki Obata

Text copyright © 2019 Jun Mizutani

Illustrations copyright © 2019 Saki Obata

All rights reserved.

Original Japanese edition published by KAWADE SHOBO SHINSHA Ltd. Publishers.

This Korean edition is published by arrangement with KAWADE SHOBO SHINSHA Ltd. Publishers, Tokyo

in care of Tuttle-Mori Agency, Inc., Tokyo through AMO Agency, Seoul.

과학 용어 도감

그림으로 기억하는 과학 상식

미즈타니 준 지음

오바타 사키 그림

윤재 옮김

서울과학교사모임 감수

추천하는 글

어느 산골에 호기심 많은 소년이 살았습니다. 하루는 집으로 배달된 신문을 보다가 과학 퀴즈 코너를 발견했습니다. 정답을 엽서에 적어 보내면 상품을 받을 수 있기에 소년은 퀴즈에 응모하기로 합니다. 쉽지만은 않았습니다. 대부분 모르는 내용이라 교과서를 뒤져 보며 답을 찾기도 하고 선생님께 여쭈어보기도 했습니다. 선생님은 처음에는 친절하게 설명해 주셨지만, 과학 퀴즈가 나올 때마다 번번이 찾아오는 소년이 귀찮았는지 나중에는 설명 대신 도서관으로 소년을 안내했습니다. 그곳에 있던 '과학대백과사전'은 수많은 과학 용어를 소년에게 설명해 주었습니다. 하지만 정확한 개념을 이해하기에는 부족했습니다. 소년은 아쉬움을 느꼈습니다. '과학 개념을 쉽게 설명해 주는 책이 있으면 얼마나 좋을까?'

소년은 자라서 과학 교사가 되었습니다. 과학을 가르치는 사람이 되었지만, 개념을 쉽게 설명하는 일은 역시나 어렵습니다. 올해도 전기와 자기, 원자, 분자, 화학 반응 등을 가르쳤습니다. 눈에 보이는 자연 현상의 규칙을 이끌어 내는 일도 어렵지만, 눈에 보이지 않는 물질과 현상을 설명하기는 더 어렵습니다. 학생들은 호기심을 갖고 수업을 듣다가도 이내 어려워합니다. "선생님! 잘 모르겠어요. 좀 더 쉽게 설명해 주세요.” 학생들의 아우성이 교실을 울립니다. 수업을 마치며 교실 문을 열고 복도로 나올 때 기분이 개운하지 않습니다. ‘학생들이 과학 용어의 개념을 좀 더 쉽게 이해할 수 있도록 안내해 주는 책은 없을까?’

앞에서 이야기한 소년과 교사의 아쉬움을 달래 줄 책이 바로 《과학 용어 도감》입니다. 사실 교과서나 참고서의 설명은 그리 친절하지 않습니다. 그래서 과학은 딱딱하고 어렵다는 선입견을 심어 주기도 합니다. 《과학 용어 도감》은 이와 같은 단점을 싹 지우고 과학을 친근하게 느끼도록 도와주는 책입니다.

이 책은 크게 물리, 전기, 화학, 생물, 지구과학, 우주 분야로 나누어 각 분야에서 자주 쓰이는 과학 용어의 개념을 쉽게 찾을 수 있도록 구성되었습니다. 그리고 용어 하나에 오직 하나의 개념만 설명하는 것이 아니라, 여러 용어의 개념을 연결할 수 있도록 연관 페이지로 안내하고 있어 과학 용어를 입체적으로 이해하는 데 크게 도움이 됩니다. 또한 뉴턴 역학에서 양자 전송까지, 소립자에서 우주에 이르기까지 각 영역의 다양한 주제어는 사회적 이슈와도 관련 있어서 더욱 흥미롭게 읽을 수 있습니다. 무엇보다 이 책에는 복잡한 수식이 없습니다. 많은 사람이 어려워하는 수식 대신 이해하기 쉬운 직관적인 그림을 곁들여 용어의 개념을 친절하고 상세하게 설명해 줍니다. 각 장과 장 사이에 실린 칼럼도 흥미롭습니다. 우리 일상생활에서 일어나는 일들을 과학적으로 재미있게 분석해 보는 것은 물론, ‘과학’이라는 말의 어원을 알려 주기도 하고, 과학자가 지녀야 할 올바른 태도를 짚어 보는 등 한 번쯤 생각해 볼 만한 이야깃거리를 제공합니다.

과학은 교실에만 있는 것이 아닙니다. 각 가정의 거실, 화장실, 주방 등 모든 곳에 과학이 숨 쉬고 있습니다. 많은 사람이 스마트폰의 알람 소리와 함께 눈을 뜨고, 스마트폰으로 오늘의 일정, 날씨, 뉴스를 확인하며 하루를 시작하고 또 마무리합니다. 이처럼 스마트폰은 사람들에게 단짝 친구가 되었지만, 그 속에 어떤 부품이 들어 있는지, 그 부품은 어떤 역할을 하는지, 어떤 원리로 정보를 전송하고 수신하는지는 대개 모르고 지나칩니다. 이 책에 수록한 '반도체', 'LED', '전자기파' 등의 개념을 읽어 보면 우리의 단짝 친구 스마트폰 속에 어떤 원리가 숨어 있는지 짐작할 수 있을 것입니다.

바야흐로 하루가 멀다고 새로운 이론과 발견이 뉴스를 장식하는 과학 시대입니다. 과학 용어의 개념이 어렵게 느껴지는 학생이라면 교과서 옆에 이 책을 함께 두고 공부해 봅시다. 학창 시절에 배운 과학 용어들이 가물가물 잘 기억나지 않는 어른들에게도 이 책이 큰 도움이 될 것입니다. 과학 뉴스를 접하며 무슨 말인지 알 듯 말 듯 아리송했다면 《과학 용어 도감》을 펼쳐 보시기 바랍니다. 어렵기만 하던 과학이 한결 친근하게 다가와 앞으로 오랫동안 과학과 우정을 나누게 되리라 믿습니다.

서울과학교사모임 임병욱

시작하며

저는 주로 대중 과학서를 번역하는 번역가입니다. 많은 독자에게 과학의 매력을 알리는 중간 다리 역할을 제대로 하고자 사명감을 품고 일을 합니다. 우리는 과학 없이는 하루도 돌아가지 않는 현대 사회를 살고 있습니다. 그런데도 많은 사람이 '과학은 어려운 것' 혹은 '과학자들이 하는 말은 무슨 소리인지 도통 알 수가 없다'고 느끼곤 합니다. 여기에는 여러 가지 이유가 있겠지만, 제 생각에는 용어가 가장 큰 문제가 아닐까 싶습니다.

과학적인 사실을 설명하는 문장들을 번역하다 보면 종종 깨닫게 됩니다. 과학의 언어에는 일상 용어에는 없는 새로운 용어, 또는 일상적인 뜻과는 다르게 쓰이는 용어들이 정말 많다는 사실을요. 예컨대 가장 작은 에너지 덩어리를 가리키는 '양자'라는 용어는 과학자들이 처음 만든 단어입니다. 과학자들이야 그 뜻을 정확하게 이해하고 있으니 같은 업계 사람들끼리 굳이 단어의 뜻을 설명할 필요가 없겠지요. 그러나 우리 같은 대다수 보통 사람들은 그 용어의 정확한 뜻을 알기는커녕 대략적인 감도 못 잡는 경우가 허다합니다. 그래서 과학자들이 대체 무엇을 이야기하고 있는지부터 파악하지 못하다가 끝내는 좌절하고 맙니다.

또 다른 예도 있습니다. '일'이라는 단어를 들으면 우리는 대개 직장에서 하는 일이나 집안일 같은 일상적인 이미지를 떠올립니다. 그런데 과학자들은 이 단어를 전혀 다른 의미로 씁니다. 우리가 떠올리는 이미지와 과학자가 사용하는 의미가 엇갈리는 순간, 우리는 혼란에 빠집니다. 어느 쪽의 잘못도 아니지만, 과학자와 보통 사람 사이에 존재하는 이 같은 인식 차이가 과학을 어렵게만 느끼게 하는 주요 원인이라고 생각합니다.

만약 우리가 과학 용어를 듣고 알맞은 이미지를 바로바로 떠올릴 수 있다면 어떨까요? 과학 용어가 수수께끼처럼 느껴지는 독자들도 구체적인 이미지를 떠올릴 수 있게 도와주는 책이 있다면 이제껏 알쏭달쏭하기만 했던 과학 이야기가 또렷하게 보이기 시작하겠지요? 이 책은 바로 그런 생각에서 탄생했습니다.

먼저 과학 세계에서 자주 쓰이는 용어들의 대략적인 뜻을 파악하고 우리가 오해하기 쉬운 부분, 일상생활과 연결되는 지점 등을 짚어 보았습니다. 이 과정에서 독자들이 최대한 구체적인 이미지를 떠올릴 수 있도록 직관적인 일러스트를 싣고, 되도록 쉬운 말로 설명하고자 노력했습니다. 그리고 과학을 크게 여섯 분야로 나누어 용어들을 분류했습니다. 그중에는 당연히 여러 분야에 걸치는 용어도 있을 테고, 옛날 방식으로 나눈 여섯 가지 분야에 별로 어울리지 않는 듯이 느껴지는 용어도 있을 겁니다. 그러니 이 여섯 분야는 편의상 분류에 지나지 않는다고 생각해 주세요.

각 장의 전반에는 아주 기본적인 용어인데도 뜻을 헷갈리기 쉬운 것들을 실었고, 최근 뉴스에 종종 등장하면서 화제가 된 용어들은 각 장의 후반에 실었습니다. 과학의 세계에는 이 책에 수록한 것 외에도 중요한 용어들이 많지만, 우선 기본적인 용어 몇 가지를 기억해 두면 앞으로 더 많은 과학 용어를 알아가는 데 틀림없이 도움이 되리라 믿습니다.

이 책의 목표는 어디까지나 독자 여러분이 과학 용어에 해당하는 이미지를 떠올릴 수 있을 정도로만 안내하는 것이므로 엄밀한 논의나 세세한 사항까지 파고드는 대신, 예시 등을 통한 직관적인 설명에 중점을 두었습니다. 또 각 용어의 어원이나 관련 있는 과학자에 대해서도 함께 언급해 이미지 만들기에 도움이 되도록 꾸렸습니다. 일러스트에 곁들인 설명도 중요한 사항들을 다루고 있으니 흘려 읽지 마시고 꼭 본문과 연결해서 읽어 주시면 좋겠습니다.

각 장과 장 사이에는 여섯 개의 칼럼을 넣었습니다. 칼럼에서는 과학을 올바르게 이용하기 위한 기본적인 마음가짐과 우리 삶에서 과학이 어떤 작용을 하는지에 대해 탐구해 봅니다. 과학 세상에는 일반 세상의 것과는 조금 다른 논리가 존재합니다. 가끔은 그것을 비판하는 사람들도 있지만, 과학 특유의 논리가 있기에 과학의 건전함이 유지될 수 있으며, 나아가 실제로 우리에게 도움이 되는 기술로 이어질 수 있습니다.

자, 어떤 꼭지부터 펼쳐 읽더라도 괜찮습니다. 그럼, 시작해 볼까요?

차례

물리 Physics

전기 Electricity

화학 Chemistry

생물 Biology

지구과학 Geography

우주 Cosmology

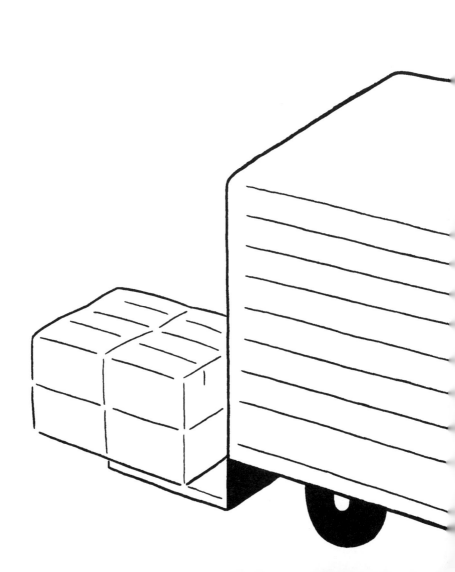

Physics

물리

물리학은 자연 과학의 기본 법칙과 기반이 되는 개념을 다루는 학문이다. 이론 물리학자가 다양한 현상을 예측하면 실험 물리학자는 고도의 장치를 고안해서 이를 연구하고, 발견하고, 검증한다. 반대로 실험과 관측만으로 발견하지 못한 예상외의 현상을 이론 물리학자가 논리를 통해 물리 이론으로 발전시키기도 한다. 이론만으로는 그림의 떡이 되기 십상이고, 실험만으로는 단순한 데이터 취합에서 끝나기 십상이다. 이론과 실험이 자동차의 양쪽 바퀴처럼 서로 연계되어 굴러감으로써, 물리학은 진보한다.

운동
【Motion】

일상에서 운동은 사람이 몸을 단련하거나 건강을 위해 몸을 움직이는 일을 뜻한다.
그러나 물리학에서는 움직이고 있는 물체는 모두 '운동'하고 있다고 표현한다.

물체가 움직이는 현상

사람이나 동물은 자신의 힘으로 움직이지만, 요트는 스스로 움직이지 못하고 바람의
힘을 받아야만 앞으로 나아갈 수 있다. 이렇게 다른 힘이 작용해서 물체가 움직이는 현상
도 물리학에서는 똑같이 '운동한다'고 표현한다. 볼링공은 단순히 관성(→ p.32)에 의해 레
인 위를 구르지만, 이 역시 운동이다.

보는 사람에 따라 달라지는 운동

상대성

① ② ③

① 달리는 기차의 기관사는 같은 기차에 탄 사람이 보기에는 거의 운동하지 않고 정지해 있다. ② 하지만 플랫폼에 서 있는
사람이 보기에는 기관사가 기차와 함께 빠른 속도로 운동하고 있다. ③ 이와 반대로, 달리는 기차에 탄 사람에게는 플랫폼
에 서 있는 사람이 마치 뒤쪽으로 운동하고 있는 것처럼 보인다.

물체가 어떻게 운동하고 있는지는 보는 사람과 관찰 대상의 관계에 따라 달라진다. 이
것을 '운동의 상대성' 또는 '상대 운동'이라고 한다. 이 현상을 발견한 사람이 바로 근대
과학의 아버지로 불리는 갈릴레오 갈릴레이다. 또한 운동의 상대성을 깊이 파고들다 보
면 그 유명한 알베르트 아인슈타인의 상대성 이론에 다다른다.

운동량

사람이 달리는 자동차와 부딪치면 크게 다치거나 목숨을 잃을 수도 있다. 그렇다면 모기한 마리가 이 자동차와 똑같은 속도로 날아와 사람에게 부딪치면? 모기와 부딪친 사람은 아마 스친 상처 하나 입지 않을 것이다. 이는 자동차와 모기의 운동량이 다르기 때문이다.

운동으로 인한 충격이 얼마나 강한지 나타내는 값을 '운동량'이라 한다. 운동량은 물체의 질량(→ p.31)과 속도를 곱해 계산한다.

	질량		속도		운동량
	1,000,000g	×	10km/h	=	10,000,000g·km/h[1]
					↕
	0.001g	×	10km/h	=	0.01g·km/h

질량이 1t(=1,000,000g)인 자동차가 시속 10km로 달릴 때의 운동량과 질량 0.001g인 잠자리가 같은 속도로 날 때의 운동량을 비교해 보자.

이처럼 같은 속도로 운동하더라도 물체의 질량에 따라서 운동량은 크게 달라진다.

운동량 보존 법칙

빙판 위에 선 두 사람이 동시에 서로 밀면 둘 중 몸무게가 가벼운 사람이 더 빠르게 밀려난다. 밀기 전과 후에 두 사람의 운동량의 합계가 변하지 않기 때문이다. 이를 '운동량 보존 법칙'이라고 한다. 여기서 '보존'이란 값이 변하지 않는다는 뜻이다.

변하지 않는 운동량의 합

서로 밀기 전에는 두 사람 다 움직이지 않으므로 (속도=0) 운동량의 합계는 0이다. 운동량 보존 법칙에 따라 서로 밀고 난 다음에도 운동량의 합계는 0이 되어야 한다. 그러려면 A 씨가 왼쪽(-)으로 움직인 운동량과 B 씨가 오른쪽(+)으로 움직인 운동량이 같아야 한다. 이때 A 씨의 몸무게는 B 씨의 두 배이므로 B 씨는 A 씨의 두 배 속도로 밀려난다.

A 씨 100kg   B 씨 50kg

로켓이 날아갈 수 있는 이유도 운동량 보존 법칙 덕분이다. 로켓의 분사구에서는 가스가 뒤로 향하는 운동량을 가지고 분출된다. 이에 따라 로켓 본체는 그만큼 앞으로 향하는 운동량을 가지므로 앞으로 날아가는 것이다.

Physics | Electricity | Chemistry | Biology | Geography | Cosmology

힘·장

【 Force·Field 】

고무줄을 죽 늘이거나 가만히 있는 물체를 움직이게 하고,
움직이고 있는 물체를 정지시키려면 어떻게 해야 할까? '힘'을 주면 된다.
힘은 물체의 모양이나 운동 상태를 변화시키는 원인이다.

힘의 작용

먼저 힘이 어떤 작용을 하는지 함께 생각해 보자.

힘과 운동

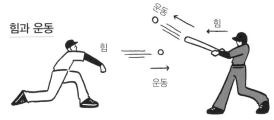

야구공을 던지면 멈춰 있던 공이 운동을 시작한다. 날아온 공을 야구 방망이로 치면 공이 운동하는 방향이 바뀐다.

공을 던지거나 야구 방망이로 치는 것처럼 물체에 힘을 가하면 운동 상태가 바뀐다. 바람의 힘이나 마찰력, 자기력 등 어떤 종류의 힘이든 마찬가지다. 나무에 바람이 부딪치면 잎이 살랑거리고, 거칠거칠한 지면에 공을 굴리면 공이 굴러가다가 멈춘다.

서로 떨어져 작용하는 힘

자기력(→ p.72)이나 중력(→ p.28) 같은 힘은 물체끼리 서로 떨어져 있어도 작용한다. 어떻게 보면 마치 염력처럼 신비롭고 언뜻 이해가 안 되기도 한다. 이와 달리 야구 방망이와 공은 직접 접촉해서 힘이 작용하므로 직감적으로 알기 쉽다. 그런데 이런 힘 역시 원자(→ p.38) 수준에서 보면 사실은 살

원자 수준에서 보면

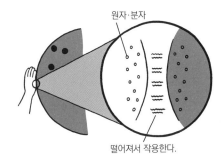

원자·분자

떨어져서 작용한다.

짝 떨어져서 작용하고 있다는 사실! 알고 보면 이 세상에 존재하는 힘은 모두 서로 떨어진 상태에서 작용한다.

힘이 영향을 미치는 공간, 장

19세기 영국의 물리학자 마이클 패러데이는 이 같은 힘의 신비를 밝히기 위해 '장(場)'이라는 개념을 고안했다. 장이란 일종의 기(氣)와 같은 것으로, 이것이 주변으로 퍼져서 떨어져 있는 물체 사이에 힘이 작용한다는 설명이었다.

자기장

자석이 놓인 주변 공간에 자기장이 퍼진다. 자기장이 퍼진 공간에 나침반을 놓으면 자기력을 받아 바늘이 움직인다.

마찬가지로 전기력(→ p.68)이 작용하는 전기장, 중력이 작용하는 중력장 등 힘의 종류별로 각기 다른 장이 존재한다.

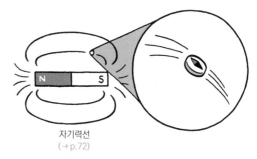

자기력선
(→ p.72)

장의 정체

그렇다면 장이란 도대체 무엇일까? 원자나 분자보다 더 작은 소립자(→ p.40) 수준에서 살펴보면 그 정체를 알 수 있다.

입자가 장을 만든다

서로 힘을 주고받는 두 개의 소립자는 마치 캐치볼을 하는 것처럼 '매개 입자' 또는 '게이지 입자'라고 부르는 특별한 종류의 소립자를 주고받는다. 이 캐치볼을 통해 서로 잡아당겼다가 밀어냈다가 하는 것이다.

매개 입자가 어지러이 날아다니는 공간, 그것이 바로 장이다. 소립자 간의 캐치볼이야말로 모든 힘[2]의 원천인 셈이다.

에너지

【 Energy 】

'에너지'라는 말을 들으면 석유나 가스가 먼저 떠오르는 사람도 있을 것이다.
그러나 물리학에서 말하는 에너지는 단지 연료가 아니라
세상을 움직이는 기본 물리량으로, 힘과 비슷한 개념이다.

물리학에서 말하는 에너지

에너지를 가진 물체는 다른 물체에 힘을 가해서 움직이게 할 수 있다. 이 같은 작용을 물리학에서는 일(→ p.26)을 한다고 표현한다. 즉, 에너지란 물체가 일을 할 수 있는 능력을 뜻한다.

다양한 에너지

움직이는 물체는 운동 에너지를 가지고 있어서 다른 물체에 부딪치면 힘을 가해 일을 할 수 있다. 높은 곳에 있는 물체는 위치 에너지(퍼텐셜 에너지)를 가지고 있다. 그 물체를 아래로 떨어뜨리면 위치 에너지가 점점 운동 에너지로 전환되어 일을 할 수 있다.

운동 에너지

위치 에너지

화학 에너지

열에너지

전기 에너지

자기 에너지

이 밖에도 열에너지, 화학 에너지, 전기 에너지, 자기 에너지 등 여러 종류의 에너지가 있는데, 모두 다른 물체를 운동시킬 수 있다는 공통점이 있다.

에너지 보존 법칙

일반적으로 에너지는 쓰고 나면 없어진다고 생각하지만, 사실은 늘지도 줄지도 않는다. 에너지의 종류가 바뀔 뿐, 에너지의 총량은 변하지 않는다. 이것을 '에너지 보존 법칙' 또는 '열역학 제1법칙'이라고 한다.

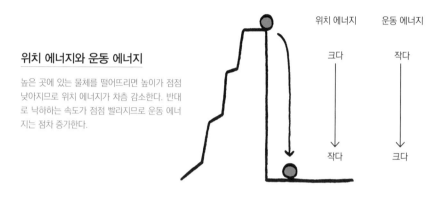

위치 에너지와 운동 에너지

높은 곳에 있는 물체를 떨어뜨리면 높이가 점점 낮아지므로 위치 에너지가 차츰 감소한다. 반대로 낙하하는 속도가 점점 빨라지므로 운동 에너지는 점차 증가한다.

화학 에너지와 열에너지

연료를 태우면 연료가 가지고 있던 화학 에너지는 점차 줄어들지만, 그만큼 열에너지가 발생한다. 그 열을 사용해서 엔진을 가동하면 열에너지는 줄어들고, 그만큼 엔진의 운동 에너지가 증가한다.

에너지 중에는 사용하기 쉬운 에너지와 사용하기 어려운 에너지가 있다. 연료는 가만히 보관해 두었다가 태우고 싶을 때 태울 수 있으므로 연료에 든 화학 에너지는 사용하기 편리하다. 그러나 열이 발생한 물체를 가만히 두면 열에너지가 주변으로 달아나 물체가 점점 식는다. 따라서 열에너지는 사용하기 불편하다. 에너지를 효율적으로 사용하기 위해서는 쓰기 편한 에너지를 잘 활용해야 한다. 에너지 절약이란 결국 사용하기 편리한 에너지를 소중히 쓰자는 뜻과 같다.

일

【 Work 】

일상에서는 돈을 벌기 위한 노동 또는 해결하거나 처리해야 할 문제 등을
일이라고 표현한다. 하지만 물리학에서는 개념이 좀 다르다.
'일'은 힘, 에너지, 운동 등과 깊이 연관된 물리량이다.

물리학에서 말하는 일

물리학에서는 다른 물체에 힘을 가해서 힘이 작
용하는 방향으로 물체를 운동(이동)시키는 것을 '일'
이라고 한다. 이때 힘을 받은 물체가 운동하면 에너
지(→ p.24)가 달라진다. 따라서 일이란, 물체에 힘을
가해서 그 물체의 에너지를 변화시키는 것으로 정
의할 수 있다. 오른쪽 그림과 같이 손에 든 물체를
높이 들어 올리면 물체의 위치 에너지가 증가한다.
이때 '손이 물체에 대해 일을 했다'고 표현한다.

일을 하면

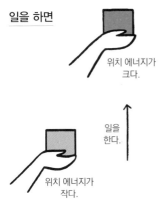

위치 에너지가
크다.

일을
한다.

위치 에너지가
작다.

얼마 안 되는 높이만 들어 올리면 물체의 위치 에너지가 조금만 증가하
므로 손이 일을 조금밖에 안 한 것이다. 높이 들어 올릴수록 위치 에너
지가 많이 늘어나므로 손은 그만큼 일을 많이 한 것이다.

일을 하면 위치 에너지뿐 아니라 다른 에너지도 변화시킬 수 있다.

다양한 일

자동차 엔진이 일을 하면 자동차의 속도가 빨라
지고 운동 에너지가 증가한다.

풍력 발전기의 날개에 바람이 닿으면 바람이
날개를 회전시켜 전기 에너지가 발생한다.

일과 에너지의 관계

물체 A가 물체 B에 대해 일을 하면 물체 B의 에너지가 증가한다. 그러나 에너지 보존 법칙(→ p.25)에 따르면 에너지의 총량은 절대 변하지 않는다. 따라서 물체 B의 에너지가 늘어난 만큼 일을 한 물체 A의 에너지는 반드시 줄어든다. 관점을 바꾸어 생각하면 물체 A가 가지고 있던 에너지가 일을 통해서 물체 B로 이동하는 셈이다.

일=에너지의 이동

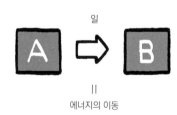

일

||

에너지의 이동

일의 단위와 일률

얼마나 일을 했는지 구체적인 값으로 나타낼 때는 '줄(J)'이라는 단위를 사용한다. 또 일을 하면 에너지가 달라지므로 에너지의 양을 나타내는 단위도 똑같이 '줄'을 쓴다. 그렇다면 '줄'은 구체적으로 어느 정도 크기의 단위일까?

일과 에너지의 단위, 줄(J)

1kg짜리 추를 1m 들어 올리면 약 10J의 일을 한 셈이다.[3] 건전지 하나가 가진 전기 에너지의 양은 약 4,000J이다. 따라서 이 건전지로 1kg의 추를 1m 들어 올리는 일을 400번쯤 할 수 있다.

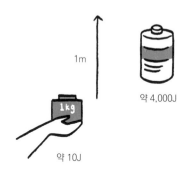

1m

약 4,000J

약 10J

같은 양의 일이라도 단시간에 하는 편이 여러모로 도움이 된다. 그럴 때 흔히 능률적이라고 말하기도 한다. 물리학에서는 1초 동안 하는 일의 양을 '일률'이라고 하며, 수치로 나타낼 때는 '와트(W)'라는 단위를 사용한다. 전자레인지에 적힌 '500W'의 의미는 1초에 500J의 전기 에너지를 써서 식품을 데우는 일을 한다는 뜻이다.

참고로 '줄'은 19세기 영국인 물리학자, '와트'는 18세기 영국인 기술자의 이름이다.

중력

【Gravity】

'중력'을 다른 말로 '만유인력'이라고 한다.
'만유'는 우주에 존재하는 모든 것, '인력'은 서로 잡아당기는 힘을 뜻한다.
모든 물체가 서로 잡아당기는 힘, 그것이 바로 중력이다.

특별한 힘

중력은 세상에 존재하는 네 가지 기본 힘[2] 중 하나다. 그런데 다른 힘과는 좀 다르다. 중력의 특별한 성질 가운데 하나는 질량(→ p.31)을 가진 모든 물체 사이에 작용한다는 점이다. 철과 같이 특정 물질에만 작용하는 자기력과는 이런 점에서 크게 다르다. 예컨대 나무에 열린 사과는 지구와 서로 끌어당기고 있을 뿐 아니라 옆에 있는 다른 사과와도 서로 당기고 있다. 그러나 나무에 열린 사과들이 서로 당기는 힘은 지구가 당기는 힘과 비교하면 너무나 약해서 아무런 영향도 미치지 못한다.

사과의 중력

너무 약해서 의미 없다.

중력의 크기는 물체의 질량과 물체 간 거리에 따라 달라진다. 질량이 크고 거리가 가까울수록 중력이 크게 작용하고, 질량이 작고 거리가 멀수록 중력은 작아진다. 수학적으로 표현하면, 중력의 세기는 물체의 질량에 비례하고, 물체 간 거리의 제곱에 반비례한다. 이 사실을 밝혀낸 사람이 바로 17세기 영국의 물리학자 아이작 뉴턴이다.

질량과 거리에 따른 중력의 크기

중력의 또 한 가지 특별한 성질은 오로지 끌어당기기만 한다는 점이다. 자석은 서로 끌어당기기도, 밀어내기도 한다. 따라서 자석을 한데 많이 모아 두더라도 서로서로 끌어당기는 힘과 밀어내는 힘이 작용해서 자기력(→ p.72) 자체가 그리 커지지는 않는다. 그러나 중력은 끌어당기는 힘만 작용하므로 물체를 한데 많이 모을수록 그만큼 힘이 커진다. 지구나 별처럼 질량이 큰 물체의 중력이 강한 이유가 바로 이 때문이다.

상대성 이론과 중력

아인슈타인은 중력에 의해 공간이 휘어진다고 생각했다. 이게 무슨 말일까? 우주 전체에 그물처럼 빽빽하게 고무줄이 둘러쳐진 이미지를 상상해 보자. 이 공간에 별이 있으면 별에서 멀리 떨어진 고무줄은 거의 반듯한 상태를 유지하지만, 별 가까이에 있는 고무줄은 제법 크게 휘어진다.

이곳에 우주선이 찾아온다면? 우주선에 다른 힘을 가하지 않는 이상 우주선은 고무줄을 따라 나아간다. 그런데 별 근처에서는 고무줄이 휘어져 있으므로 우주선은 점점 별에 가까워진다. 마치 어떤 힘에 의해 별 쪽으로 끌려가는 것 같지 않은가. 아인슈타인은 바로 이 힘이 중력이라고 생각했다.

상대성 이론으로 본 중력

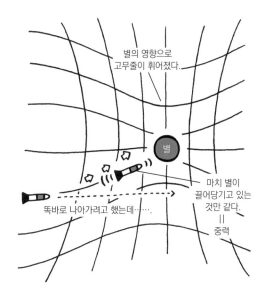

별의 질량이 크면 클수록 멀리 있는 고무줄까지 휘어진다. 태양은 질량이 제법 커서 태양계 전체의 공간이 일그러져 있다. 이와 달리 지구 중력에 의해 휘어진 공간은 고작 달이 지구 주위를 도는 범위 정도에 불과하다. 이렇듯 중력에 의해 공간이 휘어지는 이미지가 바로 아인슈타인이 제창한 '일반 상대성 이론'[4]의 핵심이다.

무게·질량

【 Weight·Mass 】

흔히 무거운 물체를 두고 '무게'가 많이 나간다고 말한다.
무게가 무겁다는 것은 '질량'이 크다는 뜻이다. 그렇다면 질량은 무엇이며,
질량이 큰 물체는 왜 무게가 많이 나갈까?

무게를 측정해 보자

지구에서 물체의 무게가 1kg[5]이라는 말은 지구가
그 물체를 1kg 강도의 힘으로 잡아당기고 있다는 뜻
이다. 우리가 사는 지구에서 이 물체를 저울 위에 올
리면 지구가 물체를 잡아당기는 힘만큼 용수철이 압
축되면서 바늘이 1kg을 가리키게 된다. 즉, 무게란 물
체에 작용하는 중력(→ p.28)의 크기를 뜻한다. 중력의
크기는 물체의 질량에 비례하므로, 질량이 큰 물체에
는 그만큼 큰 중력이 작용해서 무게가 많이 나가는 것
이다.

그렇다면 장소를 옮겨 달에서 이 물체의 무게를 재
면 어떻게 될까? 저울 바늘은 0.17kg 부근까지밖에
가지 않는다. 달의 중력이 지구 중력의 6분의 1밖에
안 되기 때문에 물체의 무게도 6분의 1로 줄어든 것이
다. 나아가 중력이 작용하지 않는 우주에서 똑같은 실
험을 하면 저울 바늘은 숫자 0을 가리킨다.

이렇듯 같은 물체라도 중력이 큰 곳에서는 무게가
많이 나가고 중력이 작은 곳에서는 무게가 덜 나간
다. 이때 장소에 따라 변한 것은 중력과 무게일 뿐, 질
량에는 변함이 없다. 질량은 물체가 가진 고유한 양으
로, 언제 어디서나 일정하다.

무게=중력의 크기

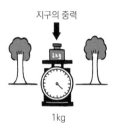

지구의 중력

1kg

달의 중력

약 0.17kg

0kg

질량을 느껴 보자

같은 장소에서 질량 1kg인 물체와 질량 2kg인 물체에 각각 힘을 주어 밀어 보자. 당연히 질량 2kg인 물체를 미는 것이 더 '힘들다'. 두 물체를 같은 시간 동안 같은 힘으로 계속 밀어 옮긴다면 질량 2kg인 물체를 옮긴 거리는 질량 1kg인 물체를 옮긴 거리의 절반밖에 안 될 것이다. 즉, 질량 2kg인 물체를 운동시키는 것은 질량 1kg인 물체를 운동시키는 것보

질량=물체를 운동시키기 힘든 정도

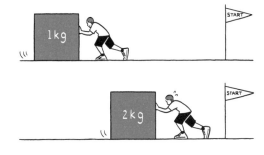

다 두 배 더 '힘든' 일이다. 이처럼 '물체를 운동시키기 힘든 정도'가 바로 '질량'이다.

이렇게 정의하는 질량을 '관성 질량'이라고 한다. 가만히 있는 물체가 움직이지 않으려고 하는 성질을 '관성(→ p.32)'이라고 하며, 질량이 큰 물체일수록 관성력이 커서 운동시키려면 더 큰 힘이 필요하다. 중력이 작용하지 않는 우주에서 물체의 무게(=0)는 느낄 수 없지만, 질량은 느낄 수 있다. 우주에서도 질량에 비례해 관성력이 작용하기 때문이다.

질량은 우주에서도 느껴진다

우주에서도 질량이 작은 물체는 손으로 가볍게 움직일 수 있지만, 거대한 모듈처럼 질량이 큰 물체는 강력한 로봇 팔을 이용해 움직여야 한다.

물리학에서는 측정 방법에 따라 질량을 두 가지로 구분한다. 중력이 질량과 비례한다는 원리를 이용해 측정하는 것을 '중력 질량'이라고 하며, 관성력이 질량과 비례한다는 원리를 이용해 측정하는 것이 '관성 질량'이다. 측정 방법은 달라도 중력 질량과 관성 질량은 정확히 같은 값을 지니며, 물체의 질량은 언제 어디서나 변하지 않는다.

아인슈타인은 근본적으로 중력과 관성력이 같다는 해석을 내놓았는데, 이를 '등가 원리'라고 하며 일반 상대성 이론의 기본 원리 중 하나다.

관성·원심력

【Inertia·Centrifugal force】

달리는 자동차가 갑자기 방향을 바꿀 때나 제트코스터가 빠르게 움직일 때,
마치 어떤 힘이 우리를 잡아당기는 것처럼 몸이 한쪽으로 쏠린다.
그 힘의 정체는 무엇일까?

관성

모든 물체는 운동 상태를 바꾸기 싫어하는 성질을 가지고 있다. 가만히 있는 물체는 그대로 계속 가만히 있으려고 하고, 운동하는 물체는 같은 속력과 방향으로 계속 운동하려고 한다. 이처럼 물체가 원래의 운동 상태를 계속 유지하려고 하는 성질을 '관성'이라고 한다. 물체에 힘이 작용하지 않는 한, 물체는 관성에 의해 운동 상태를 계속 유지한다. 이것을 '관성 법칙' 또는 '뉴턴의 운동 제1법칙'이라고 한다.

물체는 운동 상태를 바꾸지 않으려고 저항한다

운동하고 있는 물체에 수직 방향으로 힘을 가했을 때, 물체의 진행 방향이 순식간에 딱 90° 바뀌는 일은 없다. 물체는 관성에 따라 운동 상태를 바꾸지 않으려고 저항하므로 진행 방향은 서서히 바뀐다.

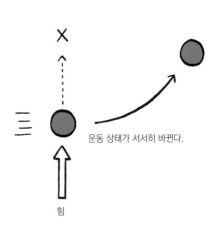

운동 상태가 서서히 바뀐다.

힘

물체에 힘을 가하면 운동 상태가 변하는 것을 '뉴턴의 운동 제2법칙' 또는 '가속도 법칙'[6]이라고 한다. 이때 물체의 질량(→ p.31)이 크면 관성력도 커서 힘을 가해도 좀처럼 운동 상태가 변하지 않는다.

원심력

자동차가 달리면서 방향을 바꾸면 차에 타고 있는 사람의 몸도 자동차와 함께 진행 방향을 바꾼다. 그러나 사람의 몸은 관성에 따라 진행 방향을 바꾸지 않고 계속 똑바로 나아가려고 저항한다. 그러다 보니 마치 어떤 힘이 반대쪽으로 몸을 잡아당기는 것 같은 느낌을 받는다. 이 힘은 실제로 작용하는 것이 아니라 관성 때문에 나타나는 겉보기 힘이다. 이와 같은 가상의 힘을 '관성력'이라고 부른다. 특히 원운동[7]을 하는 물체가 원의 바깥쪽으로 나아가려고 하는 관성력을 '원심력'이라고 한다.

원운동과 원심력

원심력

자동차의 운동 방향

사람이 똑바로
나아가려고 하는 성질=관성

달이나 인공위성이 끊임없이 지구 주위를 도는 것은 원심력 때문이다. 지구 중력이 늘 달을 끌어당기고 있으니 이론상으로 달은 지구에 점점 가까워지다가 결국 충돌해야 한다. 하지만 달이 지구를 중심으로 원운동을 하므로 달에도 원심력이 작용한다. 이 원심력은 지구 중력과 크기가 같고 방향이 반대여서 완벽히 상쇄된다. 그래서 달은 지구에 가까워지지도 멀어지지도 않고 늘 같은 거리를 유지하며 돈다.

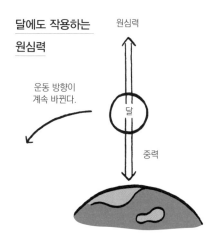

달에도 작용하는 원심력

원심력

운동 방향이
계속 바뀐다.

달

중력

벡터

【Vector】

속력은 방향과 상관없이 빠르기만 나타내는 말이고,
속도는 빠르기와 방향을 함께 나타내는 말이다.
속도처럼 크기와 방향으로 정해지는 물리량이 바로 '벡터'다.

벡터

라틴어 'vector'는 '운반하는 사람'을 뜻한다. 짐을 운반하려면 동서남북 중 어느 방향으로 몇 미터나 옮길 것인지 알아야 한다. 이때 방향과 거리라는 두 가지 정보를 한데 나타내려면 지도상에 화살표를 그리면 된다. 운반할 방향을 화살표의 방향으로, 운반할 거리를 화살표의 길이로 나타내는 것이다. 바로 이 화살표가 벡터다.

벡터의 활용

크기와 방향이 함께 있는 다양한 정보를 벡터로 간단하게 나타낼 수 있다.

① 비행기의 운동 상태를 나타내려면 속력과 방향을 표시해야 한다. 이 두 가지 정보를 하나의 벡터(화살표)로 나타낼 수 있다.

② 물체를 밀어 옮길 때, 힘의 크기와 힘이 작용하는 방향을 벡터(화살표)로 나타낼 수 있다.

③ 기상도에서 화살표의 방향은 풍향을, 화살표의 길이는 풍속을 나타낸다. 이것도 벡터다.

벡터＝화살표

여러 가지 벡터

벡터를 이용한 계산

흐르는 강에서 배를 타고 노를 저으면 배는 어느 방향으로 얼마만큼의 속력으로 나아갈까? 이 물음에 답하려면 강물이 흐르는 방향과 속력 그리고 노를 젓는 방향과 속력을 알아야 한다. 모두 벡터로 표시해 계산할 수 있다.

벡터로 평행 사변형 만들기

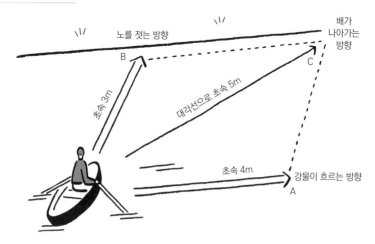

먼저 강의 흐름을 나타내는 벡터 A와 노를 젓는 방향과 속력을 나타내는 벡터 B를 그려서 평행 사변형을 만든다. 그다음 출발점에서 대각선으로 새로운 벡터 C를 그리면 벡터 C의 방향이 배가 나아가는 방향이고, 벡터 C의 길이가 배의 속력이다.

자, 우리는 벡터를 그려서 배가 어느 방향으로 얼마만큼의 속력으로 나아갈지 알아보았다. 이렇게 두 벡터를 하나로 합치는 일을 '벡터 합성' 또는 '벡터의 덧셈'이라고 한다. 만약 벡터를 쓰지 않고 이 문제의 답을 구하려면 삼각 함수를 이용해서 복잡한 계산을 해야 한다. 그러나 벡터를 이용하면 귀찮은 계산을 하지 않고 그림을 그리는 것만으로 다양한 문제에 답을 낼 수 있다. 물리학에서 자주 다루는 힘, 속도, 가속도, 운동량 등이 모두 벡터다.

벡터와 달리 질량, 부피, 온도, 밀도, 속력 등과 같이 방향과 상관없는 물리량은 '스칼라'라고 한다.

스펙트럼

【Spectrum】

"그는 표현의 스펙트럼이 넓은 배우지." "너는 인간관계의 스펙트럼이 참 넓구나."
일상에서 흔히 쓰이는 '스펙트럼'이라는 말은 물리학에서도 폭넓게 사용된다.
스펙트럼의 정확한 뜻을 알아보자.

빛의 색깔

햇빛이 무슨 색으로 보이는가? 사실 태양은 여러 색깔 빛을 내보내지만, 우리 눈에는
그 빛들이 모두 섞여서 하얗게 보인다. 하지만 이 하얀색 빛을 프리즘에 투과시키면 일곱
가지 색깔로 나뉜다. 왜 그럴까?

색의 차이는 곧 빛의 파장(→ p.75) 차이라 할 수 있다. 우리 눈에 보이는 빛(가시광선) 중
에서 파장이 가장 긴 것은 빨간색 빛, 가장 짧은 것은 보라색 빛이다.

파장에 따라 달라지는 것이 또 있다. 바로 빛의 굴절 정도다. 그래서 햇빛이 프리즘을
투과할 때 각 색깔의 빛은 파장에 따라 저마다 다른 각도로 꺾인다.

일곱 빛깔 무지개

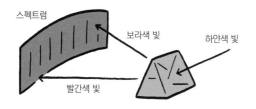

파장이 긴 빨간색 빛은 조금만 굴절되고, 파
장이 짧은 보라색 빛은 많이 굴절된다. 나머
지 색깔 빛은 빨간색과 보라색 사이에 파장
순서대로 배열된다. 이렇게 해서 일곱 가지
빛깔 띠가 생긴다.

프리즘을 통과한 빛의 띠를 보면 원래 빛 속에 어떤 색(파장) 빛이 들어 있고, 각 빛깔이
어느 정도 밝기인지 알 수 있다. 이처럼 빛을 굴절, 분산시켜 색과 밝기를 알 수 있도록 나
타낸 것이 스펙트럼이다.

빛의 종류에 따라 달라지는 스펙트럼

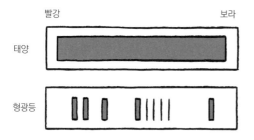

태양광의 스펙트럼은 무지개색이 연속해서 나타 난다. 이를 '연속 스펙트럼'이라 하며, 모든 파장 의 빛을 골고루 포함하고 있어서 색의 띠가 끊어 지지 않는다.

형광등 빛의 스펙트럼을 보면 색이 나타난 곳도 있고 그렇지 않은 곳도 있다. 형광등에서 방출 되는 빛에는 특정 파장의 빛만 들어 있어서 해당 색깔의 띠만 선 모양으로 나타난다. 이를 '선 스 펙트럼'이라 한다.

소리의 스펙트럼

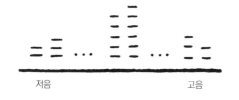

소리의 높낮이를 눈으로 본다

일부 오디오 기기나 음악 애플리케이션에서도 스펙트럼을 볼 수 있다. 음악의 스펙트럼은 각 높이의 음들이 어느 정도 세기로 출력되고 있는 지를 나타낸다.

라디오의 주파수가 맞지 않을 때 들리는 '치지직' 하는 소리는 모든 주파수 성분이 같 은 세기로 골고루 다 섞여 있는 소리다. 하얀 태양광에 모든 색의 빛이 골고루 섞여 있는 것과 비슷해서 이런 소리를 '백색 소음'이라고 한다.

스펙트럼 분석

모든 물질은 저마다 스펙트럼이 다르다. 다시 말해, 물질마다 각기 다른 색의 빛을 흡 수하거나 내보낸다. 따라서 어떤 물체를 통과한 빛이나 그 물체로부터 나오는 빛의 스펙 트럼을 분석하면 그 물체가 어떤 물질로 이루어졌는지 알아낼 수 있다. 이런 방법을 '스 펙트럼 분석'이라고 한다. 스펙트럼 분석은 식품 검사나 범죄 수사 등 우리 삶 가까이에 서도 쓰이고, 머나먼 별이 어떤 물질로 구성되어 있는지 알아보기 위한 과학 연구에도 유 용하게 쓰인다.

분자·원자·이온

【 Molecule·Atom·Ion 】

물질을 계속 쪼개고 또 쪼개다 보면 어디까지 작게 나눌 수 있을까?
더는 쉽게 분리할 수 없는 아주 작은 입자에 도달했을 때,
물질은 어떤 모습으로 존재할까?

물질을 이루는 알갱이

물을 계속해서 작은 물방울로 나누다 보면 결국은 0.0000001mm(=0.1nm) 정도의 아주 작은 알갱이가 된다. 그것이 '분자'다. 이 분자가 몇조 개의 몇조 배라는 방대한 수로 모여 물이라는 액체를 이룬다.

분자

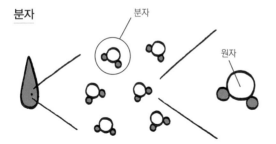

분자 모형을 자세히 보면 작은 공 모양 입자 몇 개가 한데 붙어서 일정한 형태를 이루고 있다. 순수한 물에 들어 있는 분자는 모두 완벽하게 똑같은 모양과 성질을 띤다. 물질의 종류가 다르면 분자의 모양과 성질도 다르다. 거꾸로 말하면 분자의 모양과 성질에 따라서 물질의 종류가 결정되는 것이다.

더 자세히 들여다보자

분자 모형을 이루고 있는 몇 개의 작은 공 모양 입자들이 바로 '원자'다. 세상에는 여러 종류의 원자가 있는데, 원자는 대개 혼자 있는 것을 싫어해서 다른 원자와 달라붙어 있으려고 한다. 그래서 원자가 모여 분자를 이루는 것이다.

이번에는 원자를 더욱 확대해서 살펴보자. 원자 중심에 작은 알갱이가 있고, 그 주변을 구름 같은 것이 둘러싸고 있다.

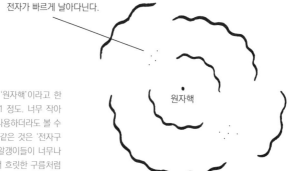

전자가 빠르게 날아다닌다.

원자핵

원자의 구조

중심에 있는 작은 알갱이를 '원자핵'이라고 한다. 크기는 원자의 1만분의 1 정도. 너무 작아서 아무리 고성능 현미경을 사용하더라도 볼 수 없다. 원자핵을 둘러싼 구름 같은 것은 '전자구름'이라고 하며, '전자'라는 알갱이들이 너무나도 빠르게 날아다니고 있어서 흐릿한 구름처럼 보이는 것이다.

원자핵은 양(+)전하(→ p.68)를 띠고, 전자는 음(-)전하를 띤다. 원자핵과 전자는 양과 음의 성질에 따라 서로 끌어당기지만, 전자가 엄청난 기세로 날아다니고 있어서 원자핵과 전자가 합체하는 일은 없다.

이온

분자와 원자 속의 원자핵과 전자는 평상시에 양전하와 음전하가 균형을 이루고 있어서 원자나 분자가 전하를 띠지 않은 것처럼 보인다. 그러나 어떠한 계기로 전자가 몇 개 떨어져 버리거나 반대로 전자 몇 개가 더해지는 일이 있다. 그러면 양과 음의 균형이 무너져서 분자와 원자가 전하를 띠게 된다. 이처럼 전하를 띠는 분자나 원자를 '이온'이라고 한다.

일상에서 음이온이라는 말을 자주 들어보았을 것이다. 공기 중의 물이나 산소 분자에 전자를 첨가해 음전하를 띠게 만든 것을 일컫는다. 음이온이 건강에 이롭다는 이야기가 공공연하게 들리지만, 사실은 과학적인 근거가 없다.

이온의 종류

전자

분자

전자

음이온

양이온

전자를 얻어 음전하를 띠는 이온을 '음이온', 전자를 잃고 양전하를 띠는 이온을 '양이온'이라고 한다.

Physics | Electricity | Chemistry | Biology | Geography | Cosmology

소립자

【 Elementary particle 】

최첨단 실험 장치를 이용하면 원자와 원자핵을 더욱 잘게 나눌 수 있다.
그렇게 하면 결국 물질을 이루는 궁극의 입자에 다다른다.

원자핵을 이루는 작은 알갱이

원자의 중심에 있는 원자핵(→ p.39)은 그보다 더 작은 알갱이 여러 개가 한데 모여 이루어진 것이다. 원자핵을 이루는 이 입자들을 '양성자'와 '중성자'라고 한다. 크기는 두 가지 모두 1조분의 1mm 정도. 상상하기도 어려울 만큼 작다.

원자핵의 구조

양성자

중성자

하나의 원자핵에는 양성자와 중성자가 같은 개수로 들어 있거나 혹은 중성자가 더 많이 들어 있다. 양성자는 양전하를 띠지만 중성자는 전하를 띠지 않아서 원자핵이 양전하를 띠는 것이다.

끝까지 쪼개 보자

아직 끝이 아니다. 양성자와 중성자는 각각 세 개의 알갱이로 이루어져 있다. 그 입자를 '쿼크'라고 부른다. 쿼크는 여섯 종류가 있는데, 양성자와 중성자를 이루는 것은 '위 쿼크'와 '아래 쿼크' 두 종류다.

쿼크는 아일랜드의 작가 제임스 조이스의 소설에 등장하는 새의 울음소리로, 이를테면 "까악까악" 같은 것이다. 입자의 이름치고는 엉뚱한데, 이토록 작은 입자를 무언가에 빗대어 이름을 붙이기에는 무리가 있어서 물리학자들이 장난처럼 붙인 이름이다.

양성자와 중성자

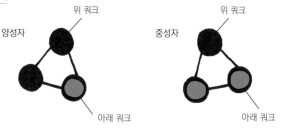

양성자는 위 쿼크 두 개와 아래 쿼크
한 개로 이루어져 있다.

중성자는 위 쿼크 한 개와 아래 쿼크
두 개로 이루어져 있다.

  위 쿼크와 아래 쿼크 외에 네 종류의 쿼크가 더 있지만, 그것들은 모두 실험 장치에서
만들어졌고, 극히 짧은 시간에 다른 종류로 바뀌어 버리기 때문에 우리 주변에는 존재하
지 않는다.

  쿼크를 더 잘게 쪼개는 일은 불가능하다. 따라서 쿼크는 물질을 이루는 궁극의 입자다.
원자핵 주변을 돌고 있는 전자도 더는 쪼갤 수 없으므로 전자 역시 궁극의 입자다. 이처
럼 더 잘게 쪼갤 수 없는 궁극의 입자를 물질을 이루는 근본적 입자라는 뜻으로 '소립자'
라고 한다. 양성자와 중성자는 엄밀히 따지면 소립자가 아니지만, 원자핵보다 작은 입자
라는 뜻에서 그냥 소립자라고 부르는 경우도 많다.

물질의 구조

| 물질 | 분자 | 원자 | 원자핵
전자 | 양성자
중성자 | 쿼크 |

소립자

  물질을 구성하는 기본 입자들의 상호 작용을 설명하는 이론을 모은 것을 '표준 모형'이
라고 한다. 현재의 표준 모형에서는 소립자가 모두 열일곱 종류 있다고 여긴다. 이 중에
서 우리 주변에 있는 물질을 이루는 것은 전자, 위 쿼크, 아래 쿼크 이렇게 세 종류뿐이다.
이 세 가지 소립자가 다양한 형태로 모여서 세상에 존재하는 온갖 것을 만들고 있다.

양자

【Quantum】

뉴턴의 운동 법칙으로 대표되는 고전 역학의 세계를 떠나
현대 물리학의 새로운 장을 연 양자 역학의 세계로 들어가면
인간의 상식이 통하지 않는 이야기가 시작된다. 양자의 특별한 성질에 대해 알아보자.

Physics　|　Electricity　|　Chemistry　|　Biology　|　Geography　|　Cosmology

미시 세계의 신비

소립자(→ p.40)같이 매우 작은 입자들은 다음과 같이 여러모로 신기한 모습을 보인다.

① 한 개의 물체가 마치 분신술을 쓰듯이 여러 곳에 동시에 존재할 수 있다. 그러나 일단 누군가에게 관측되면 갑자기 단 한 군데만 존재한다. 또한 소립자는 입자 상태로 날아다니는 동시에 어느 정도 범위에 퍼져서 물결처럼 파동으로도 전해진다. 관측할 때 입자로 보이느냐 파동으로 보이느냐는 관측 방법에 따라 달라진다. 이것을 '파동과 입자의 이중성'이라고 한다.

② 소립자는 지구처럼 자전한다. 이 자전을 '스핀'이라고 한다. 그런데 놀랍게도 오른쪽과 왼쪽으로 동시에 회전할 수 있다. 이것을 '양자 겹침' 또는 '양자 중첩'이라고 한다.

③ 두 개의 물체는 텔레파시 같은 것으로 정보를 공유한다. 그 텔레파시는 물체끼리 아무리 멀리 떨어져 있어도 순식간에 전달된다. 이것을 '양자 얽힘'이라고 한다.

④ 물체의 정확한 현재 위치를 측정하려고 하면 그 물체가 얼마만큼의 속도로 운동 중인지는 대략적으로만 파악할 수 있다. 반대로 물체의 운동 속도를 정확하게 측정하려고 하면 물체의 현재 위치는 대략적으로만 파악할 수 있다. 이렇듯 서로 관계있는 두 가지 물리량을 동시에 관측하여 정확하게 측정하는 것은 원리적으로 불가능하다. 이를 '불확정성 원리'라고 한다.

믿기 어렵지만 사실

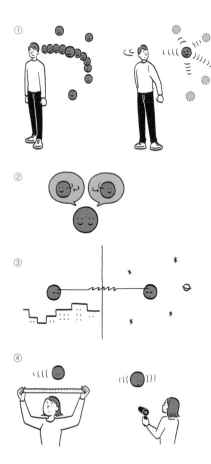

이처럼 이해하기 어려운 현상들이 미시 세계에서는 뚜렷한 법칙을 바탕으로 일어난다. 그 법칙을 설명하는 것이 바로 '양자 역학'이다. '역학'이란 물체가 어떠한 운동을 하는지 설명하는 이론이다. 그렇다면 '양자'란 무엇일까?

양자

일상에서는 에너지(→ p.24)의 크기를 얼마든지 세세하게 조절할 수 있다. 운동 속도를 아주 조금씩 바꾸면 운동 에너지를 세세하게 조절할 수 있다. 위치 에너지나 전기 에너지, 열에너지 등도 마찬가지다. 비유하자면 가루 상태의 설탕을 숟가락으로 덜어서 세밀하게 양을 조절하는 것과 같은 이치다.

그러나 미시 세계에서는 이 방법이 통하지 않는다. 에너지가 마치 각설탕처럼 정해진 크기의 덩어리를 이루고 있기 때문이다. 따라서 그 덩어리를 한 개, 두 개, 세 개…… 하는 식으로 조절하는 수밖에 없다. 더는 쪼갤 수 없는 가장 작은 에너지의 덩어리, 그것이 바로 양자다. 양자라는 단어가 원자나 소립자 등과 비슷하게 들리기는 해도 양자는 입자가 아니라 에너지의 덩어리를 가리키는 말이다.

에너지의 덩어리

일상 세계

미시 세계

그렇다면 일상 세계와 미시 세계에는 왜 이 같은 차이가 있을까? 우리가 느낄 수 있는 일상의 에너지 크기와 비교해 양자 하나의 에너지가 너무나 작기 때문이다. 일상 세계의 에너지도 양자로 이루어져 있지만, 양자가 몇조 개씩이나 모여 있어서 하나하나 분간할 수 없을 뿐이다. 설탕 한 숟가락에 작은 설탕 알갱이가 수만 개나 담겨 있는 것과 마찬가지다.

열

【 Heat 】

물체에 '열'을 가하면 온도가 올라가고
뜨거운 물체를 가만히 두면 열을 잃고 온도가 내려간다.
그렇다면 온도를 변화시키는 열의 본질은 무엇일까?

열과 에너지

열을 잘 사용하면 일(→ p.26)을 할 수 있다.

열을 이용한 일

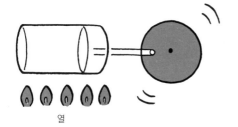

열

실린더(피스톤이 왕복 운동을 하는, 속이 빈 원통 모양의 장치) 속의 기체에 열을 가하면 기체가 피스톤을 밀어내, 피스톤에 연결된 물체를 움직일 수 있다. 자동차 엔진이 바로 이 원리로 움직인다.

다른 물체에 힘을 가해서 물체를 움직이는 것을 일이라 하고, 물체가 일을 할 수 있는 능력을 에너지(→ p.24)라고 한다. 그러므로 열도 일종의 에너지라고 할 수 있다. 이렇게 열을 에너지의 한 형태로 볼 때 부르는 이름이 바로 '열에너지'다. 참고로 자동차 엔진처럼 열에너지를 기계적 에너지로 바꾸는 기관을 '열기관'이라고 한다.

열의 정체

그렇다면 열에너지의 근원은 무엇일까? 열의 정체를 밝히기 위해 먼저 온도에 따른 분자(→ p.38)의 운동 상태를 알아보자.

분자의 운동

물이 차가울 때는 물 분자들의 운동 상태가 그리 활발하지 않다. 여기에 열을 가하면 물 분자가 점점 세차게 운동하며 용기 벽에 부딪힌다.

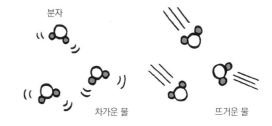

분자

차가운 물   뜨거운 물

이처럼 힘차게 움직이는 분자의 운동[8]이 바로 열의 정체다. 뜨거운 물체의 분자는 세차게 움직이므로 운동 에너지가 크다. 반면 차가운 물체의 분자는 그리 활발하게 움직이지 않으므로 운동 에너지가 작다.

가열된 기체가 피스톤을 밀어내는 이유는 기체 분자가 피스톤에 기세 좋게 부딪치면서 운동 에너지를 전달하기 때문이다. 즉, 기체 분자의 운동 에너지가 피스톤의 운동 에너지로 전환되어 피스톤이 움직인다.

온도

뜨겁고 차가운 정도를 객관적인 값으로 나타낸 것이 '온도'다. 이는 곧 분자가 에너지를 얼마나 가졌는지 나타내는 척도이기도 하다. 분자의 운동이 활발할수록 물체의 온도가 높고, 분자의 운동이 약하면 온도가 낮다.

전달되는 열

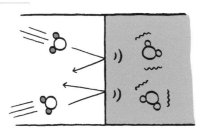

뜨거운 물체와 차가운 물체를 맞붙이면 힘차게 운동하던 뜨거운 물체의 분자가 차가운 물체의 분자에 충돌해서 운동 에너지를 전달한다. 그러면 차가운 물체의 분자가 에너지를 받아 더 빠르게 움직이기 시작한다. 이에 따라 차가운 물체는 분자의 운동이 활발해지면서 온도가 점점 올라가고, 뜨거운 물체는 분자의 운동이 점점 약해져 온도가 떨어진다. 마침내 양쪽 분자의 운동 정도가 같아지면 두 물체의 온도가 같아진다.

물체가 식거나 데워지는 이유는 온도가 높은 쪽에서 낮은 쪽으로 에너지가 이동하기 때문이다. 이렇게 물체의 온도를 변화시키는 에너지가 바로 열이다.

엔트로피

【 Entropy 】

'엔트로피'라는 단어는 19세기 독일의 물리학자 루돌프 클라우지우스가 만든 것으로,
'energy'의 'en'과 '변화'를 뜻하는 그리스어 'tropy'를 합성한 말이다.

Physics | Electricity | Chemistry | Biology | Geography | Cosmology

일하지 않고 달아나는 열

자동차 엔진처럼 열(→ p.44)을 이용
해 일(→ p.26)을 할 때는 무슨 수를 써
도 헛되이 달아나는 열이 있다. 달아
나 버린 열은 일하는 데 쓸 수 없으므
로 그만큼 엔진의 효율이 떨어진다.
즉, 열기관의 효율은 열에너지를 어떻
게 사용하느냐에 따라 달라진다.

달아나는 열

일의 효율

엔신을 힘껏 가동하면 일은 빠르게 할 수 있지만, 그
만큼 많은 열이 헛되이 달아나 버리므로 효율이 낮
아진다.

클라우지우스는 이렇게 열기관의 효율이 떨어지는 정도, 다시 말해 열이 낭비되는 정
도를 수치로 나타낼 수 없을까 고민했다. 그 결과 '엔트로피'라는 조금 추상적인 개념을
생각해 냈다. 그는 열에너지를 사용해 일을 할 때, 온도가 1℃ 변할 때마다 쓸 수 없게 변
해 버린 에너지가 얼마나 증가하는지를 수식[9]으로 정의했는데, 이것이 엔트로피의 개념
이다. 즉, 효율이 좋은 장치에서는 낭비되는 열이 적으므로 엔트로피가 별로 증가하지 않
는다. 반대로 효율이 낮아서 열이 많이 낭비되는 장치에서는 엔트로피가 계속해서 증가
한다.

분자들의 자유분방한 움직임

열의 본질은 분자의 운동(→ p.45)이다. 그러니 분자의 운동 상태에 따라 열에너지의 효율, 즉 엔트로피는 틀림없이 달라질 것이다. 오스트리아의 물리학자 루트비히 볼츠만은 수많은 분자가 얼마나 뿔뿔이 흩어져 움직이는지가 엔트로피의 진짜 의미라고 생각했다.

분자 운동과 엔트로피

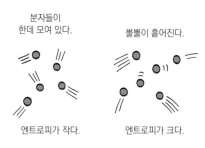

분자들이 한데 모여 있다.

뿔뿔이 흩어진다.

엔트로피가 작다.

엔트로피가 크다.

엔트로피는 절대 감소하지 않는다

엔트로피 증가의 법칙

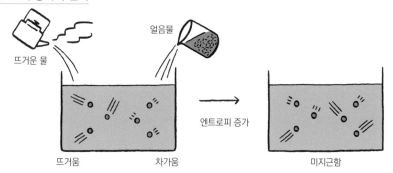

뜨거운 물

얼음물

엔트로피 증가

뜨거움   차가움

미지근함

용기 왼쪽에는 뜨거운 물을, 오른쪽에는 차가운 물을 부어 보자. 물을 부은 직후는 왼쪽에 세차게 운동하는 물 분자가, 오른쪽에 천천히 운동하는 물 분자가 질서 정연하게 나뉘어 있다. 이때는 분자의 움직임이 그리 자유분방하지 않으므로 엔트로피가 작다.

그러나 시간이 지나면 양쪽의 물 분자들이 자유롭게 흩어지며 무질서하게 뒤섞인다. 즉, 엔트로피가 점점 커진다.

뜨거운 물과 차가운 물을 한데 두면 저절로 섞여 미지근한 물이 된다. 그런데 이와 반대로 미지근한 물이 저절로 뜨거운 물과 차가운 물로 딱 나뉘는 일은 절대로 없다. 분자들은 가만히 두면 언제나 무질서한 운동을 하기 때문이다. 이처럼 자연에서 일어나는 모든 일은 무질서한 방향으로 변화한다. 그래서 엔트로피는 증가하기만 할 뿐 절대 감소하지 않는다. 이것을 '엔트로피 증가의 법칙' 또는 '열역학 제2법칙'이라고 한다.

Physics | Electricity | Chemistry | Biology | Geography | Cosmology

방사선·방사능

【 Radiation·Radioactivity 】

원자력 발전은 에너지 효율이 높지만 '방사능' 노출 위험이 따르므로 주의해야 한다.
인체가 '방사선'에 노출되면 상황에 따라 치명적인 해를 입을 수도 있다.
여기서 잠깐! 방사선과 방사능은 같은 말일까, 다른 말일까?

방사선

원자핵을 구성하는 양성자 수와 중성자 수의 합을 '질량수(→ p.101)'라고 하는데, 질량수가 큰 원자들은 불안정해서 특정 입자나 전자기파를 방출해 버리고 안정한 원자로 변환된다. 이 현상을 '붕괴'라고 한다.

원자의 붕괴와 방사선

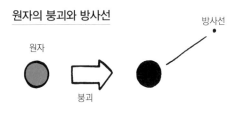

원자핵이 붕괴하면서 방출하는 입자나 전자기파가 바로 방사선이다. '방사'란 사방팔방으로 방출된다는 뜻이다. 여기에 '선'이 붙은 까닭은 이 입자가 일직선으로 곧게 날아가기 때문이다. 방사선은 꽤 빠른 속도로 날아가므로 큰 운동 에너지(→ p.24)를 가지고 있다. 그래서 어떤 물체가 방사선에 부딪히면 그 물체의 분자가 파괴된다.

방사선에는 여러 종류가 있으나 대표적인 것으로 알파(α)선, 베타(β)선, 감마(γ)선을 들 수 있다. 이들은 물질을 투과하는 정도가 서로 다르며, 어떤 종류의 방사선이 나오는지는 붕괴하는 원자의 종류에 따라 다르다.

대표적인 방사선

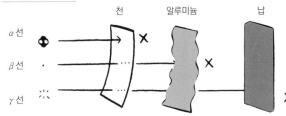

α선: 헬륨의 원자핵. 천이나 공기 정도로도 쉽게 차단할 수 있지만, 에너지가 높아서 흡수된 부위에 크게 영향을 미친다.
β선: 전자. 알루미늄판 정도로 가로막을 수 있다.
γ선: 에너지가 높은 전자기파. 투과력이 강해서 차단하려면 두꺼운 납판이 필요하다.

방사능

같은 종류의 원자가 많이 있더라도 모두 한꺼번에 붕괴하는 일은 없다. 원자 하나하나가 언제 붕괴할지는 제각각 다르다. 따라서 붕괴하는 원자를 많이 함유한 물질은 방사선을 계속해서 조금씩 내보낸다. 이처럼 방사선을 계속 내보내는 물질을 '방사성 물질'이라고 하며, 방사선을 내뿜는 이 능력을 '방사능'이라고 한다.

반감기

한 개의 원자는 한 번 붕괴하면 더 붕괴하지 않으므로 방사성 물질의 방사능은 시간이 갈수록 점차 줄어든다. 물질을 이루는 방사성 원소의 절반이 붕괴할 때까지 걸리는 시간을 '반감기'라고 한다. 원자의 종류마다 반감기가 다르다. 악티늄 217의 반감기는 0.018초, 우라늄 238의 반감기는 45억 년이다.

자연계의 방사선과 방사능

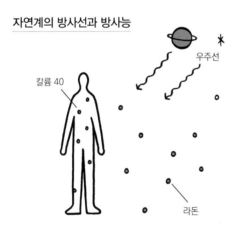

칼륨 40

우주선

라돈

자연계에도 방사선과 방사성 물질이 많이 존재한다. 우리 몸속에는 칼륨(포타슘) 40이라는 방사성 물질이 많이 들어 있다. 우주에서는 우주선(宇宙線)이라는 방사선이 끊임없이 쏟아져 내리고 있다. 공기 중에는 라돈이라는 방사성 물질이 섞여 있다.

인체에 미치는 영향

우리 몸에 방사선이 닿으면 세포 속에 있는 분자의 일부가 파괴되는데 대부분은 신체 작용에 따라 별일 없이 회복된다. 피부가 햇볕에 그을거나 화상을 입더라도 자연히 낫는 것과 비슷하다. 단, 한꺼번에 다량의 방사선을 쬐면 신체의 회복 작용이 뒤따라가지 못해서 건강에 해를 입는다. 즉, 모든 방사선이 인체에 해로운 것이 아니라 몸에 닿는 방사선의 종류와 양, 방사선을 쬔 시간과 신체 부위 등에 따라 해롭기도, 해가 없기도 하다는 말이다. 의료용 방사선은 이처럼 복잡한 요인을 모두 고려해 이용하는 것이다.

시버트·베크렐

【 Sievert·Becquerel 】

방사선과 방사능은 비슷해 보여도 다른 뜻을 가진 단어다.
따라서 그 양을 나타내는 단위도 각각 다르다.

인체에 영향을 미치는 방사선의 양

방사선(→ p.48)에 노출되었을 때 인체가 얼마나 영향을 받는지는 그 방사선으로부터 우리 몸에 에너지(→ p.24)가 얼마나 전해지느냐에 따라 결정된다. 즉, 방사선으로부터 받은 에너지를 몸무게로 나눈 값이 바로 인체에 영향을 미치는 방사선의 양이다. 단, 세 종류의 방사선 가운데 α 선(→ p.48)만은 인체에 미치는 영향이 더욱 큰 것으로 여겨 이렇게 계산한 값의 스무 배를 적용한다. 인체에 영향을 미치는 방사선의 양은 '시버트(Sv)'라는 단위로 나타낸다. 참고로 시버트는 스웨덴의 방사선 학자 이름이다.

대부분의 방사선량을 계산해 시버트로 나타내면 0.00…… 이렇게 아주 작은 값이 된다. 그래서 보통은 그 값에 1,000을 곱해 '밀리시버트(mSv)'라는 단위로 나타낸다. 예컨대 0.005Sv=5mSv로 나타낸다.

그래도 여전히 값이 작다면 다시 1,000을 곱해 '마이크로시버트(μSv)'라는 단위로 나타낸다. 예를 들어 0.000005Sv=0.005mSv=5μSv가 된다.

방사선의 단위, 시버트(Sv)

몸무게 50kg인 사람이 5J의 방사선 에너지를 받는다면
인체에 미치는 방사선의 세기는 5J÷50kg=0.1Sv이다.

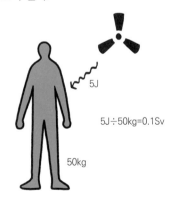

5J

5J÷50kg=0.1Sv

50kg

방사선에 오랜 시간 노출되면 방사선으로부터 받는 에너지가 인체에 계속 쌓이므로 시버트 값이 점점 더 커진다. 따라서 일정한 시간에 받은 방사선의 양을 아는 것이 중요하다. 이를 수치로 나타낼 때는 시버트 값을 시간으로 나누어 표시한다. 가령 한 시간 동안 받은 방사선의 양은 'Sv/h', 1년간 노출된 방사선의 양을 표시할 때는 'Sv/y' 단위를 쓰면 된다.

방사능의 크기

방사성 물질의 방사능이 어느 정도인지를 나타내려면 그 물질 속에서 1초 동안 몇 회의 붕괴(→ p.48)가 일어나는지 알아보면 된다. 그 횟수를 '베크렐(Bq)'이라는 단위로 나타낸다. 참고로 베크렐은 우라늄의 방사능을 발견한 프랑스 물리학자의 이름이다.

그런데 같은 방사성 물질이라도 양이 많으면 그 속에 든 방사성 원자의 개수도 당연히 많아진다. 따라서 특정 물질의 방사능 농도가 어느 정도인지를 나타낼 때는 물질 1kg당 베크렐의 값을 계산해 Bq/kg으로 표시한다.

1초

방사능의 단위, 베크렐(Bq)

1초 동안 500회 붕괴가 일어난다면 그 물체가 띠는 방사능은 500Bq.
물체의 질량이 10kg이라면 방사능의 농도는 500Bq÷10kg=50Bq/kg.

10kg

500회 붕괴 → 500Bq
500Bq÷10kg=50Bq/kg

자연 방사선

인간은 늘 자연으로부터 어느 정도의 방사선을 받으며 산다. 자연에서 발생하는 방사선을 '자연 방사선'이라고 한다. 1년간 발생하는 자연 방사선의 양은 보통 2mSv/y 정도 되는데, 지역마다 지질 특성에 따라서 몇 배의 차이가 난다. 또한 고도가 높은 상공에는 우주에서 날아오는 방사선이 많으므로 비행기를 타면 더 많은 방사선에 노출된다.

방사성 물질도 자연계 이곳저곳에 존재한다. 인체에는 칼륨 40이 들어 있으므로 우리 몸도 방사성 물질인 셈이다. 체중 70kg인 사람의 몸은 약 7,000Bq의 방사능을 띠고 있다. 농도로 나타내면 대략 100Bq/kg이다.

핵분열·핵융합

【Nuclear fission·Nuclear fusion】

원자핵이 쪼개지거나 합쳐지는 현상은 때로 엄청난 에너지를 방출한다.
'핵분열'과 '핵융합'의 원리는 전혀 다르지만
잘 이용한다면 둘 다 오늘날의 에너지 문제를 해결할 방책이 될 수도 있다.

Physics | Electricity | Chemistry | Biology | Geography | Cosmology

핵분열

질량수(→ p.101)가 큰 원자핵은 양성자나 중성자 개수가 너무 많아서 한 덩어리를 이루기가 힘들고 불안정하다. 그런 원자핵에 어디선가 중성자(→ p.40)가 날아와서 부딪치면 이를 계기로 원자핵이 두 개로 나뉘는 경우가 있다. 이처럼 원자핵이 둘로 쪼개지는 현상을 '핵분열'이라고 한다. 이때 몇 개의 중성자가 튀어나감과 동시에 대량의 에너지가 방출된다.

우라늄의 핵분열

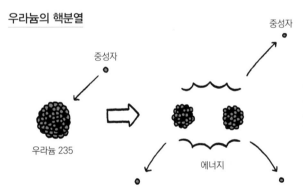

중성자

중성자

우라늄 235

에너지

우라늄 235의 원자핵에 중성자 한
개가 와서 부딪치면 원자핵이 두 개
로 쪼개지면서 동시에 두세 개의 중
성자가 밖으로 튀어나가고 대량의
에너지가 방출된다.

튀어나간 중성자가 또 다른 원자핵에 부딪히면 그 원자핵도 핵분열을 일으켜서 더 많은 중성자가 튀어나온다. 그렇게 연달아 핵분열이 일어나는 현상을 '연쇄 핵반응'이라고 하며, 연쇄 핵반응이 일어나고 있는 상태를 '임계 상태'라고 한다.

임계 상태

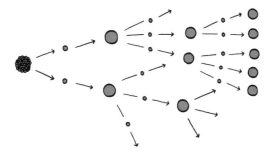

원자로에서는 핵분열로 방출된 에너지를 사용해 물을 끓이고, 이때 발생한 수증기로 발전기를 돌려 전기를 만든다. 원자력 발전은 석유나 석탄 같은 화석 연료를 태우는 화력 발전보다 훨씬 더 효율이 높다. 석유 2,000L를 태워야 나오는 에너지를 우라늄 단 1g으로 생산할 수 있다. 게다가 원자력 발전은 지구 온난화의 주범인 이산화탄소를 발생시키지 않는다. 단, 핵분열로 쪼개진 원자핵의 파편은 방사능을 띠고, 원자로 안쪽 벽 등도 방사능을 띠므로 특별히 주의해서 다루어야 한다.

핵융합

원자핵은 양전하를 띠고 있어서 원자핵끼리 만나면 서로 밀어낸다. 그래서 보통은 서로 다가가는 일이 없다. 그러나 태양 중심부에서는 수소의 원자핵들이 엄청난 속도로 날아다니다가 서로 충돌해 원자핵 두 개가 붙어 버리기도 한다. 이 현상을 '핵융합'이라고 한다. 이때도 핵분열 때와 마찬가지로 대량의

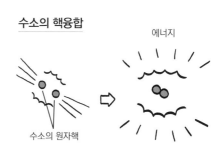

에너지가 방출된다. 태양이 뜨겁고 빛나는 이유는 핵융합 에너지가 열이나 빛으로 전환되기 때문이다.

핵융합은 핵분열보다 더 효율이 높다. 심지어 석유보다는 800만 배나 더 효율이 높다. 게다가 핵융합 연료로 쓰이는 수소는 물속에 대량으로 들어 있으며 다루기 까다로운 방사성 물질도 내뿜지 않는다. 그러니 핵융합을 이용해서 전기를 생산할 수만 있다면 에너지 문제도 단숨에 해결될 것이다. 다만 핵융합을 일으키기 위해서는 수천만 도에 이르는 초고온과 수억 기압에 이르는 초고압의 환경이 필요하므로 쉬운 일이 아니다.

중성미자

【Neutrino】

전하를 띠지 않는 중성 입자를 뜻하는 이탈리아어 'neutrone'에
작다는 뜻의 접미사 'ino'를 붙인 이름이 바로 'neutrino', 즉 '중성미자'다.

잡기 힘든 소립자

중성미자는 소립자(→ p.40)의 일종이지만 우리 주변의 물질을 이루는 입자가 아니라 원자핵이 분열하거나 융합할 때(→ p.52) 방출되는 입자다.

중성미자는 여기저기에서 대량으로 발생해 날아다니는데, 태양 중심부에서 핵융합 반응으로 방출된 중성미자가 지구까지 날아와 우리 주변을 날아다닌다. 중성미자는 우주 전체에 광자(빛) 다음으로 많이 존재하는 입자지만, 질량이 아주 작으며 어떤 입자와 마주치더라도 거의 반응하지 않고 아무 일 없이 통과해 버리므로 좀처럼 검출하기가 쉽지 않다. 하지만 먼 우주의 모습이나 물질의 성립 비밀을 밝혀내기 위해서는 반드시 중성미자를 검출해서 그 성질을 조사해야만 한다.[10]

무엇이든 통과하는 중성미자

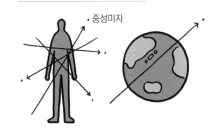

1초 동안 중성미자 몇조 개가 사람의 몸을 통과한다. 심지어 지구도 중성미자를 막기는 거의 불가능하다.

중성미자 검출

1987년, 일본의 물리학자 고시바 마사토시는 기후현의 산속 지하 깊은 곳에 지은 '카미오칸데'라는 거대한 관측 장치에서 중성미자를 검출하는 데 성공했다.

카미오칸데는 수천 톤의 물을 담은 수조 벽에 초고감도 광 검출기를 나란히 부착한 관측 장치다. 중성미자가 아주 간혹 물 분자에 충돌하면 매우 약한 빛이 발생하는데, 그 빛을 광 검출기가 붙잡아서 중성미자를 검출한다.

중성미자를 붙잡다

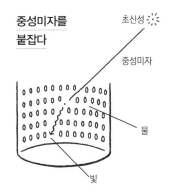

초신성

중성미자

물

빛

카미오칸데에서 검출된 중성미자는 지구에서 15만 LY(→ p.206) 떨어진 곳에서 일어난 초신성 폭발(→ p.215)로 인해 발생한 것이었다. 이 중성미자를 검출함으로써 초신성 폭발 과정을 자세히 조사할 수 있게 되었다. 고시바는 이 공로를 인정받아 2002년에 노벨 물리학상을 받았다(미국의 레이먼드 데이비스와 공동 수상).

중성미자 진동

중성미자를 처음 발견했을 때는 이 입자에 질량이 있는지 알지 못했다. 중성미자는 생성 원인에 따라 전자(e) 중성미자, 뮤온(μ) 중성미자, 타우(τ) 중성미자 중 하나로 방출된다. 그런데 이들은 태어날 때의 종류 그대로 머물지 않고 날아다니는 동안 다른 중성미자로 형태를 바꾼다. 이런 형태 변환을 '중성미자 진동'이라고 부른다. 여기서 '진동'은 중성미자가 부르르 진동한다는 의미가 아니라 다른 종류로 변환되어 간다는 뜻이다. 그런데 중성미자 진동은 중성미자에 질량이 있어야만 일어날 수 있다.

만약 중성미자에 질량이 있다면

날아다니는 동안에 다른 중성미자로 변환된다.

1996년, 일본의 물리학자 가지타 다카아키는 기존의 카미오칸데보다 약 스무 배 더 큰 슈퍼 카미오칸데를 사용해 대기 중에서 발생하는 뮤온 중성미자의 개수를 세었다. 이 관측의 결과로 중성미자 진동이 실제로 일어나고 있음을 증명했다.

중성미자 진동을 증명하다

관측 시설 상공에서 발생한 뮤온 중성미자는 곧장 검출기 속으로 들어오기 때문에 변환될 틈이 거의 없다. 그러나 지구 반대편에서 발생해서 지면 아래로부터 날아오는 뮤온 중성미자는 먼 거리를 지나오는 동안에 다른 종류로 변환된다. 그러므로 관측 시설에서 검출되는 뮤온 중성미자의 개수가 줄어든다.

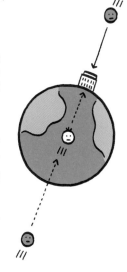

이 실험을 통해 중성미자에는 질량이 있음이 밝혀졌다. 그 공로로 가지타는 2015년에 노벨 물리학상을 받았다(캐나다의 아서 맥도널드와 공동 수상). 중성미자는 우주 전체에 대량으로 존재하므로 중성미자에 질량이 있는지 없는지에 따라 우주 전체의 질량이 크게 달라진다. 이로써 먼 미래에 우주가 어떤 종말을 맞이할지도 바뀌게 되었다.

힉스 입자

【 Higgs boson 】

물체에는 왜 질량이 있을까?
얼핏 당연한 것 같다가도 가만히 생각해 보면 수수께끼다.
물리학자들은 머릿속 고찰과 대규모 실험을 통해서 그 까닭을 밝혀냈다.

질량의 정체

모든 물체에는 질량(→ p.31)이 있다. 당연한 말처럼 들리지만 사실 물리 이론상으로는 모든 물체의 질량이 0이더라도 이상하지가 않다. 우연히 물체에 질량이 있을 뿐, 우주의 조건이 조금만 달랐다면 질량이라는 것은 없었을지도 모른다. 그렇다면 왜 이 우주에서는 물체마다 질량을 가지는 것일까?

1964년, 영국의 이론 물리학자인 피터 힉스는 다음과 같은 가설을 떠올렸다. '공간에는 아직 발견되지 않았지만 특별한 소립자(→ p.40)들이 꽉꽉 들어차 있다. 물체가 운동할 때는 그 소립자들 사이를 헤치고 움직여야 하므로 움직이기가 힘들다. 질량이란 물체를 움직이기 힘들게 하는 것(→ p.31)이다. 즉, 물체에 질량이 있는 원인은 이 소립자들을 헤치며 나아가야 하기 때문이 아닐까?'

질량의 정체

힉스 입자

좀처럼 나아갈 수 없다.
↓
질량이 있다.

이 가설 속 소립자는 '힉스 입자'라고 불리게 되었다. 즉, 이 우주에서는 공간에 힉스 입자가 가득 들어차 있으므로 물체에 질량이 있는 것이다.

힉스 입자의 발견

힉스의 가설이 가장 그럴싸했기 때문에 전 세계에서 힉스 입자 찾기가 시작되었다. 그리하여 2011년, 프랑스와 스위스 국경에 있는 대형 강입자 충돌기(LHC)라는 세계 최대 입자 가속기에서 드디어 힉스 입자가 발견되었다. 이것으로 힉스의 가설이 사실로 입증되었고, 힉스는 2013년에 질량의 기원을 해명한 공로를 인정받아 노벨 물리학상을 받았다(벨기에의 프랑수아 앙글레르와 공동 수상).

대형 강입자 충돌기

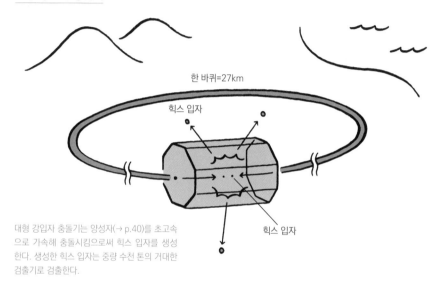

한 바퀴=27km

힉스 입자

힉스 입자

대형 강입자 충돌기는 양성자(→ p.40)를 초고속으로 가속해 충돌시킴으로써 힉스 입자를 생성한다. 생성한 힉스 입자는 중량 수천 톤의 거대한 검출기로 검출한다.

그런데 힉스 입자를 발견하는 것이 왜 그렇게 어려웠을까? 아이러니하게도 여기저기 구석구석 없는 곳이 없었기 때문이다. 말하자면 우리가 평소에 공기의 존재를 딱히 의식하지 않는 것과 마찬가지다. 대형 강입자 충돌기 실험에서는 엄청난 에너지로 양성자를 충돌시켜 여분의 힉스 입자를 새로 만듦으로써 검출에 성공했다. 힉스 입자를 발견함으로써 소립자 물리학 이론은 일단 완성되었다. 그러나 실제로는 아직도 많은 수수께끼가 남아 있어서 대형 강입자 충돌기를 비롯한 전 세계의 입자 가속기에서 실험을 계속하고 있다.

나노

【Nano】

그리스어로 'nano'는 '아주 작다'는 뜻이다. 과학의 세계에서는 주로
아주 짧은 길이[11]를 나타낼 때 미터(m)에 나노(n)를 붙여 '나노미터(nm)'로 쓴다.

길이의 단위

일반적으로 미터로 나타내기에는 길이가 너무 짧을 때 센티미터(cm)나 밀리미터(mm)를 쓴다. 센티미터의 '센티(centi)'는 '100분의 1'이라는 뜻이다. 그래서 1m의 100분의 1이 1cm가 되는 것이다. 즉, 1cm=0.01m이다. 또 밀리미터의 '밀리(milli)'는 1,000분의 1이라는 뜻이다. 따라서 1mm=0.001m가 된다.

나노미터는 이보다 더 짧은 길이를 나타낼 때 쓴다. '나노'는 '10억분의 1'이다. 1nm는 10억분의 1m, 그러니까 0.0000000001m이다. 이렇게 미터로 표시하면 소수점 아래 0이 여러 개 나열되는 작은 값을 나노미터로 나타내면 훨씬 간편하다. 나노미터로 측정할 수 있는 크기를 일반적으로 '나노 크기'라고 부른다.

나노의 세계

크다

머리카락의 굵기는 약 100,000nm(0.1mm).

세균의 크기는 약 1,000nm.

이 정도가 '나노 크기'.

바이러스는 10~100nm.

단백질 분자는 1~9nm 정도.

작다

원자는 약 0.1nm.

원자핵은 0.00001nm. '나노 크기'라고 하기에는 너무 작다.

나노의 활용

나노가 세간에서 화제가 되는 이유는 무엇일까? 특정 재료나 기계를 나노 크기로 작게 만들면 여러모로 새로운 장점들이 생기고, 그에 따라 기존에는 실현 불가능했던 일에 활용할 수 있기 때문이다.

나노 활용법

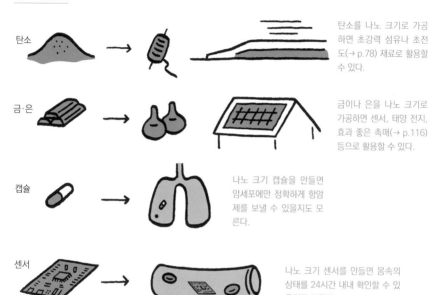

탄소

탄소를 나노 크기로 가공하면 초강력 섬유나 초전도(→ p.78) 재료로 활용할 수 있다.

금·은

금이나 은을 나노 크기로 가공하면 센서, 태양 전지, 효과 좋은 촉매(→ p.116) 등으로 활용할 수 있다.

캡슐

나노 크기 캡슐을 만들면 암세포에만 정확하게 항암제를 보낼 수 있을지도 모른다.

센서

나노 크기 센서를 만들면 몸속의 상태를 24시간 내내 확인할 수 있을지도 모른다.

이 중에는 이미 실현되고 있는 것도 있고, 아직은 먼 꿈이지만 한창 활발하게 연구하고 있는 것도 있다. 우주 개발이나 에너지 산업, 양자 컴퓨터(→ p.88)나 인공 지능(→ p.86) 등은 나노 기술에 힘입어 크게 진보하고 있다. 한편으로는 아직 안전성이 확인되지 않은 나노 재료들도 많다는 점에 주의할 필요가 있다. 혹시라도 인체에 악영향을 끼칠 수도 있을 테니 말이다.

참고로 실제 나노 크기와는 상관없는데도 '나노 ○○'으로 이름 붙이거나 선전하는 상품도 많다. 이는 단지 작은 것을 강조하기 위한 비유일 뿐 진짜 나노 크기는 아님을 기억하자.

우연과 확률

'신만이 아신다'는 말은 사실일까?

마트나 백화점에서 경품 뽑기를 할 때, 누군가가 연속으로 당첨되는 것을 본 적 있는 가? 그 상황을 직접 본다면 '아니, 경품 개수가 몇 갠데 한 사람이 저렇게 연속으로 당 첨될 수가 있어? 조작된 거 아니야?' 하는 생각이 들지도 모른다. 그러나 뽑기처럼 우 연으로 결정되는 일에서는 그런 일이 당연히 일어난다.

오직 우연으로만 결정되는 단순한 예로 동전 던지기를 생각해 보자. 조작되지 않은 보통 동전을 처음 던졌을 때 앞면과 뒷면이 나올 확률은 각각 1:1(2분의 1씩)이다. 첫 번 째 시도에서 뒷면이 나온 동전을 곧바로 다시 던져서 앞면과 뒷면이 나올 확률은? 역 시 2분의 1씩이다. 첫 번째 시도에서 앞면이 나왔더라도 마찬가지다. 즉, 첫 번째 시도 에서 앞면이 나왔든 뒷면이 나왔든 두 번째 시도에 앞면과 뒷면이 나올 확률은 변하지 않는다. '이번에 앞면이 나왔으니 다음에는 뒷면이 나오기 쉬운 일'은 절대로 없다.

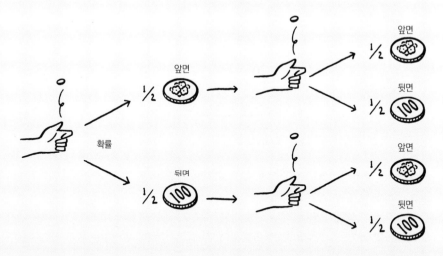

세 번째 이후로도 마찬가지다. 앞서 앞면이 나왔느냐 뒷면이 나왔느냐에 따라서 다음 번에 앞면과 뒷면이 나올 확률이 바뀌는 일은 있을 수 없다. 동전이 스스로 조금 전에 앞 면을 내보였는지 뒷면을 내보였는지 기억할 리가 없으니 말이다. 이처럼 이전 사건에 따라서 확률이 변하지 않는 일을 '독립 시행'이라고 한다.

동전 던지기 같은 독립 시행일 경우에 동전을 두 번 던져서 두 번 모두 앞면이 나올 확률은 첫 번째에 앞면이 나올 확률 2분의 1과 두 번째에 앞면이 나올 확률 2분의 1을 곱해서 계산한다.

$$\frac{1}{2} \times \frac{1}{2} = \frac{1}{4}$$

즉, 많은 사람이 각자 두 번씩 동전을 던지면 대략 네 명 중 한 명은 두 번 모두 앞면이 나오는 것이다. 같은 이유로 열 번을 던져서 열 번 모두 앞면이 나올 확률은

$$\underbrace{\frac{1}{2} \times \frac{1}{2} \times \cdots\cdots \times \frac{1}{2}}_{10회} = \frac{1}{1024}$$

이는 대략 1,000명이 있다면 그중에서 한 명 정도는 열 번 모두 앞면을 낼 수 있다는 뜻이다. 참가자가 한 명뿐일 때 그 사람이 열 번을 던져 모두 앞면이 나올 일은 거의 없지만, 참가자가 많다면 그중에서 누군가가 열 번 연속으로 앞면을 내는 일은 얼마든지 일어날 수 있다. 그렇다면 한 사람이 혼자 동전 던지기를 연거푸 계속한다면 그중 앞면은 연속으로 몇 번이나 나올까? 만약 100번을 던진다면 그중에 앞면이 연속으로 다섯 번 이상 나올 확률은 약 80%에 달한다. 1,000번을 던진다면 약 40% 확률로 앞면이 연속해서 열 번 나올 수 있다. 한 면이 연달아 여러 번 나오는 일은 제법 흔한 셈이다.

경품 행사로 뽑기를 할 때는 한 번 뽑을 때마다 상자 안의 공이 하나씩 줄어들어서 당첨 공이 나올 확률이 계속 바뀌므로 경품 뽑기는 엄밀히 말하면 독립 시행이 아니다. 그러나 상자에 공이 아주 많이 들어 있다면 거의 독립 시행에 가깝다고 할 수 있다. 그러므로 많은 사람이 연달아 몇 번씩 공을 뽑으면 당첨 공이 연속으로 몇 번씩 나오는 것도 당연하다.

살다 보면 실제로는 도통 일어날 것 같지 않은 일이 대수롭지 않게 일어나는 경우가 있다. 예컨대 어쩌다 옆자리에 앉아 말을 건 사람의 생일이 나와 같다거나 하는 일. 그런 일이 일어나면 '이건 운명!'이라거나 '행운의 여신이 정말 있지 않을까?' 하고 생각하게 된다. 특정한 어떤 한 사람이 당신과 생일이 같을 확률은 분명히 낮다. 그러나 평생을 살면서 당신 옆자리에 앉았거나 앉을 사람이 몇천, 몇만 명은 될 테니, 그 불특정 다수 중 몇 명이 우연히도 당신과 생일이 같다고 한들 전혀 이상할 게 없다. 확률이 낮은 일도 기회가 아주 많아지면 평범하게 일어날 수 있다. 사기라 할 것도, 신의 뜻이라 할 것도 없다.

1   운동량을 나타내는 단위로는 대개 kg·m/s를 사용하지만, 여기서는 예로 든 물체의 질량과 속도 등을 이해하기 쉽게 표현하기 위하여 g·km/h로 나타냈다.

2   일상에는 다양한 종류의 힘이 작용하는 것처럼 느껴지지만, 확대하고 확대해서 소립자 수준에서 살펴보면 이 세상에는 단 네 종류의 힘만 존재한다. 바로 '중력', '전자기력', '약한 상호 작용', '강한 상호 작용'이다. 이 힘들은 각기 다른 매개 입자에 의해 작용한다. 전자기력의 매개 입자는 '광자'이며, 약한 상호 작용의 매개 입자는 'Z보손'과 'W보손'이고, 강한 상호 작용의 매개 입자는 '글루온'이다. 중력은 '중력자'라는 매개 입자에 의해 작용한다고 추정되고 있지만, 중력자는 아직 발견되지 않았다.

3   1J은 1N(뉴턴)의 힘이 작용하여 힘의 방향으로 1m 움직일 때 한 일이다. 즉, 1J=1N·m. 여기서 1N은 1kg의 물체에 약 $9.8m/s^2$의 가속도를 줄 때 받는 힘으로, $1N=9.8kg·m/s^2$이다. 본문의 예시처럼 1kg짜리 추를 1m 들어 올릴 때 한 일은 $1kg×9.8m/s^2×1m=9.8J$(=약 10J)이 된다.

4   상대성 이론은 특수 상대성 이론과 일반 상대성 이론으로 나뉜다. '특수'란 특수한 상황, 즉 속력과 방향을 바꾸지 않는 '등속 직선 운동'을 하는 상황에서만 통한다는 뜻으로, 이러한 상황에는 중력도 작용하지 않는 것으로 본다. 하지만 우리가 일상적으로 경험하는 현상은 속력과 방향을 바꾸는 '가속 운동'이 대부분이며 우리는 언제 어디서나 중력을 받고 있다. 아인슈타인은 특수 상대성 이론을 일반화해서 중력이 작용하는 상황에서 가속 운동을 하는 관측자의 입장에 맞는 이론을 발표했는데, 이것이 일반 상대성 이론이다. 일반 상대성 이론에서는 '중력=공간의 휘어짐'이라고 생각한다. 중력이 작용하지 않는 특수 상대성 이론의 세계에서 빛은 언제나 일직선으로 나아간다. 하지만 일반 상대성 이론에 따르면 중력이 강한 곳에서는 공간이 휘어지므로 빛도 휘어진 공간을 따라 나아간다. 빛이 휘어지는 현상은 1919년의 일식 관측에서 실제로 확인되었다.

5   물리학에서 'kg'은 질량의 단위이고 무게를 나타낼 때는 'kgf' 또는 'N'이라는 단위를 사용한다. 질량을 가진 물체에 중력이 작용해서 나타나는 값이 무게이므로 질량의 단위에 중력(힘)을 뜻하는 단위 'f'를 붙여서 사용하는 것이다. kgf는 '킬로그램힘'이라고 읽는다. 여기서 f는 중력의 작용으로 생기는 중력 가속도를 말하는데, 지구상에서 중력 가속도는 대략 $9.8m/s^2$ 정도로 어디서나 비슷하다(엄밀히 따지면 위치와 높이에 따라 조금씩 다르다). 그래서 일상생활에서는 굳이 무게와 질량의 단위를 구분하지 않아도 불편함이 없다.

6   운동 상태가 변한다는 것은 속도(속력과 방향)가 달라진다는 뜻이다. 여기서 단위 시간의 속도 변화를 '가속도'라고 한다. 질량이 클수록 관성력이 커서 운동 상태가 잘 안 변한다. 운동 상태가 잘 안 변한다는 것은 가속도가 작다는 뜻이다. 즉, 같은 크기의 힘이 작용할 때 질량이 큰 물체일수록 가속도가 작고, 질량이 작은 물체일수록 가속도가 크다. 이것이 가속도 법칙이다.

7   원운동을 하는 자동차는 원의 중심을 향해 나아가려는 힘으로 운동 방향을 바꾼다. 이 힘을 '구심력'이
    라고 한다. 구심력은 실제로 작용하는 힘이지만, 자동차에 타고 있는 사람이 느끼는 원심력은 관성 때
    문에 나타나는 가상의 힘으로, 구심력과 크기가 같고 방향이 반대다.

8   눈으로 보기에 움직이지 않는 물체도 그 물체를 이루고 있는 분자들은 끊임없이 운동하고 있다. 이러
    한 분자의 운동을 '열운동'이라고 하며, 분자의 열운동 에너지가 바로 열에너지다. 열운동은 온도가 높
    을수록 활발하다.

9   클라우지우스가 정의한 엔트로피(S)의 증가분은 열(Q)의 증가분을 온도(T)로 나눈 값이었다. 수식으
    로 쓰면 $\Delta S = \Delta Q / T$.

10 이를 위해 우리나라에서는 한국 기초 과학 연구원(IBS) 지하 실험 연구단을 주축으로 하여 전남 영광
    한빛 원자력 발전소에서 원자로 중성미자 진동 실험(RENO)과 단거리 중성미자 진동 실험(NEOS) 등
    을 진행하고 있다.

11 길이의 단위 외에도 아주 작은 것을 나타낼 때 나노를 쓴다. 예를 들어 10억분의 1초는 1나노초(ns 또
    는 nsec)이고, 10억분의 1암페어(A)는 1나노앰프(nA)라고 한다. 그리고 물속에 사는 아주 작은 플랑
    크톤을 나노 플랑크톤이라고 부른다.

전기

Electricity

현대인의 삶에 없어서는 안 될 전기에 관한 기록은 그 역사가 매우 깊다. 전기를 뜻하는 영어 'electricity'의 어원은 그리스어로 '호박'을 뜻하는 'elektron'이다. 호박을 천에 문지르면 정전기를 띠어 먼지를 끌어당기는데, 이 성질은 기원전부터 이미 알려져 있었다. 고대 그리스의 철학자 플라톤은 이 현상을 글로 남기기도 했다. 한편 아리스토텔레스는 자기의 성질에 대해 논한 바가 있다. 자기를 뜻하는 영어 'magnetism'의 어원은 그리스와 터키 등지에서 채굴되는 '마그네시아(magnesia) 석'이라고 전해지는데, 이 광석은 자기를 띠어서 철을 끌어당긴다.

전하·전기장

【 Electric charge·Electric field 】

흔히 우리는 전기를 '모은다'거나 '흘린다'는 표현을 쓰면서
마치 물질처럼 여기는 경향이 있다. 그러나 전기의 본질은 물질이 아니라
전자나 양자가 지닌 하나의 성질, 즉 에너지의 한 형태다.

전하와 전기력

전자(→ p.39)나 양성자(→ p.40)처럼 아주 작은 입자 중에는 '전하'[1]라는 특별한 성질을
가진 것들이 있다. 전하에는 양(+)전하와 음(-)전하가 있는데 전자는 음전하를, 양성자는
양전하를 띤다. 그리고 전하를 띠는 입자들 사이에는 '전기력'이라는 힘이 작용한다.

양전하를 가진 입자와 음전하를 가진 입자 사이에서 전기력은 서로 끌어당기는 힘으
로 작용한다. 반대로 양전하와 양전하, 또는 음전하와 음전하 사이에서는 서로 밀어내는
힘으로 작용한다. 전기력의 이런 성질을 정확하게 밝혀낸 사람은 18세기 프랑스의 물리
학자 샤를 쿨롱이다. 그래서 전기력을 '쿨롱의 힘'이라고도 부른다.

전기력선과 전기장

전기력은 장(→ p.23)의 개념을 적용해서 이해하면 쉽다. 전하를 가진 입자 주위에 '전
기장'이 퍼져 있다고 생각하는 방법이다. 그리고 보이지 않는 전기장의 모습을 떠올리
는 데 도움이 되는 것이 '전기력선'이다. 전기력선은 화살표가 있는 곡선을 여러 개 그려
서 나타내는데 '기의 흐름' 같은 것으로 생각하면 이해하기 쉬울 것이다. 이 전기력선이
표시하는 방향을 살펴보면 전하를 지닌 입자들끼리 서로 끌어당기거나 밀어내는 이유
를 알 수 있다.

전기력선과 전기장의 개념을 고안한 사람은 19세기 영국인 마이클 패러데이이다. 그는
가난한 집안에서 태어나 고등 교육을 받지 못하고 제본공으로 일했지만, 과학에 흥미를
느끼고 꾸준히 연구해 전자기 유도(→ p.74)를 발견하고 전기 분해에 관한 패러데이의 법
칙을 세우는 등 역사에 이름을 남긴 대과학자가 되었다.

전기력선의 움직임

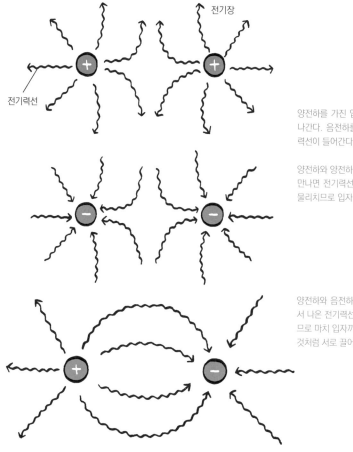

전기장

전기력선

양전하를 가진 입자에서 전기력선이 나간다. 음전하를 가진 입자로 전기력선이 들어간다.

양전하와 양전하, 음전하와 음전하가 만나면 전기력선끼리 부딪쳐서 서로 물리치므로 입자끼리 밀어낸다.

양전하와 음전하가 만나면 양전하에서 나온 전기력선이 음전하로 들어가므로 마치 입자끼리 고무줄로 연결된 것처럼 서로 끌어당긴다.

Physics | Electricity | Chemistry | Biology | Geography | Cosmology

전기 에너지

전하를 지닌 입자는 전기력으로 다른 입자를 끌어당기거나 밀어내 움직일 수 있다. 즉, 에너지(→ p.24)를 가진다. 바로 이 전기 에너지 덕분에 전기 제품이 작동해서 일을 할 수 있다. 하지만 전기 제품이 일을 하려면 전하를 가진 입자가 한곳에 가만히 있기만 해서는 안 되고, 더 많은 전하가 계속해서 흘러들어 와야만 한다(→ p.71).

전류·전압·저항

【Current·Voltage·Resistance】

전기는 구체적인 물질이 아니라 에너지의 한 형태다.
그렇다면 전기가 흐른다는 것은 실제로는 어떤 현상일까?
이 현상은 물의 흐름에 비유하면 이해하기 쉽다.

전기의 흐름

전선처럼 전기(→ p.68)가 흐르는 물질 속에서는 원자(→ p.38) 안에서 날아다니던 전자 중 몇몇이 빠져나와 물질 속에서 자유롭게 움직인다. 이 전자를 '자유 전자'라고 한다.

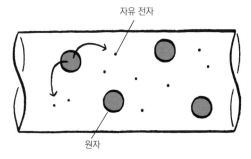

자유 전자

원자

자유 전자가 외부의 힘으로 일제히 같은 방향으로 이동함으로써 전선 속에 전기가 흐르는 것이다.

전자가 이동한다

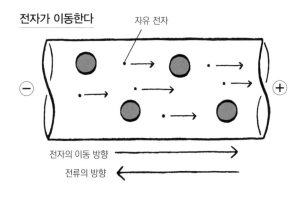

자유 전자

전자의 이동 방향

전류의 방향

실제로 전자는 음(-)극에서 양(+)극으로 이동하는데, 전류의 방향은 그 반대인 양극에서 음극으로 흐르는 것으로 정해져 있다. 전자의 존재가 아직 알려지지 않았던 18세기 말, 전지를 발명한 이탈리아의 물리학자 알레산드로 볼타가 전류의 방향을 그렇게 정해 버렸기 때문이다. 헷갈리지만 별수 없다.

전기 회로

전기가 계속 흐르려면 전선이 하나의 닫힌 회로를 이루어야 한다. 그래야 전자가 계속 이동할 수 있다. 또한 회로 어딘가에 전자를 부지런히 이동시켜 주는 장치가 있어야 한다.

물이 흐르는 수로에 전자가 둥둥 떠 있다고 상상해 보자

물을 끌어 올리는 펌프가 발전기나 전지에 해당한다. 높은 곳에서 떨어지는 물의 힘으로 돌아가는 물레방아는 모터나 전구 등에 해당한다. 물길이 한 바퀴 빙 돌아 나 있으므로 물은 계속 흐른다.

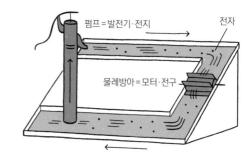

펌프 = 발전기·전지

전자

물레방아 = 모터·전구

회로에 전자가 어떻게 흐르고 있는지 알려면 전류, 전압, 저항의 값을 살펴보면 된다.

회로의 어느 한 지점을 1초 동안 통과하는 전하의 양을 '전류'라고 한다. 전류의 단위는 '암페어(A)'이며, 일반 전구에 흐르는 전류는 대체로 0.1A 정도다.

발전기나 전지가 전자를 밀어내는 능력은 '전압'이라고 한다. 수로에 빗대어 말하자면 펌프가 물을 끌어 올리는 높이에 해당한다. 전압은 '볼트(V)'라는 단위로 나타낸다. 일반 건전지의 전압은 1.5V이다.

전선 속에는 자유 전자 외에도 금속 원자들이 가득 들어 있다. 전자는 이동하는 동안 이러한 장애물에 부딪히므로 거침없이 나아가기가 힘들다. 이처럼 전자가 나아가기 힘들어하는 정도를 '저항' 또는 '전기 저항'이라고 한다. 전선 속에 장애물이 많을수록 저항이 커서 전자가 나아가기 힘들다. 저항은 '옴(Ω)'이라는 단위로 나타낸다.

전압과 저항을 알면 전압을 저항으로 나누어 전류의 값을 계산할 수 있다. 전류, 전압, 저항의 이러한 관계는 19세기 독일의 과학자 게오르크 옴이 밝혀냈다. 그래서 그의 이름을 붙여 '옴의 법칙'이라고 하며, 모든 전기 회로에서 가장 기본이 되는 법칙이다.

옴의 법칙

펌프가 강력하고
전압(V) ÷ 저항(Ω) = 전류(A)
수로에 장해물이 적을수록
물이 세차게 잘 흐른다.

자기
【Magnetism】

극성을 띠고, 밀고 당기는 힘이 있으며, 일종의 에너지라 할 수 있는 전기와 자기.
이렇게 공통점이 많은 전기와 자기는 떼려야 뗄 수 없는 관계다.
그런데 자기는 전기와 크게 다른 점이 하나 있다.

자기력

자석에는 N극과 S극이 있다. 자기력의 작용으로 같은 극끼리는 서로 밀어내고, 반대
극끼리는 서로 끌어당긴다. 전기의 양전하, 음전하(→ p.68)와 쏙 빼닮았다. 그래서 전기장
이나 전기력선(→ p.69)의 개념을 자기에 적용하면 자기력의 이미지를 상상하는 데 도움이
된다. 바로 '자기장'과 '자기력선'이다.

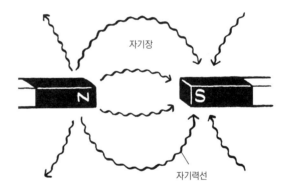

자기력선의 움직임

자기력선은 N극에서 나와 S극으로 들
어간다. N극과 S극은 서로 끌어당긴
다. N극과 N극, S극과 S극은 서로 밀
어낸다.

전기의 경우에는 양전하를 가진 입자와 음전하를 가진 입자가 각각 따로따로 존재한
다. 그러나 자석은 반드시 N극과 S극이 쌍을 이루고 있으므로 N극만 있는 자석이나 S극
만 있는 자석은 존재하지 않는다. 이것이 전기와 자기의 큰 차이다.

자기를 만드는 전기

그렇다면 자기는 어떻게 생길까? 알고 보면 자기를 만들어 내는 것은 전기의 흐름, 즉
전류다.

전자석

전선에 전기가 흐르면 전선 주위를 감싸는 소용돌이 모양으로 자기장이 형성된다. 나침반을 가까이 가져가면 바늘이 움직이는 현상이 그 증거다.
전선을 코일 모양으로 감아서 전기를 흘리면 막대자석과 비슷한 자석이 된다. 이것이 전자석이다. 전자석은 비교적 쉽게 강력한 자력을 만들어 낼 수 있고, 전류를 끊으면 자기력을 없앨 수 있으며, 전류를 반대 방향으로 흘리면 양쪽 자극을 바꿀 수 있는 등의 이점이 있다.

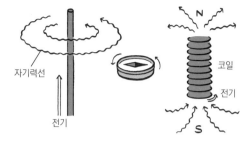

이 같은 전기와 자기의 관계는 19세기에 덴마크의 물리학자 한스 외르스테드가 발견하고, 프랑스의 물리학자 앙드레 마리 앙페르가 이론을 정립했다. 그래서 '앙페르의 법칙'이라고 부른다.

자석과 다른 물질들의 차이

자석을 들여다보자

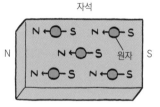

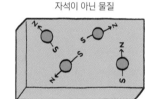

원자 속에서 전자가 날아다니고 전류가 흐르므로 많은 원자가 자기를 띤다.

자석 내부에서는 자기를 띤 원자들이 전부 같은 방향을 향하고 있어서 원자 하나하나의 자기력이 전부 합쳐진다. 그래서 자석 전체가 자기를 띤다.

자석이 아닌 물질에서는 자기를 띤 원자들이 향하는 방향이 일정하지 않다. 그래서 각 원자가 지닌 자기가 상쇄되어 물질 전체의 자기력은 0이 된다.

철의 자기력

철에 자석을 가까이 하면 자석과 철이 달라붙는다. 이는 철의 원자 하나하나가 자유롭게 회전할 수 있기 때문이다. 자석의 N극을 철 가까이 가져가면 자기를 띤 철 원자들이 회전해서 일제히 S극이 자석 방향을 향한다. 그러면 철에 자기력이 생겨서 철과 자석이 서로 끌어당기게 되는 것이다. 자석의 S극을 가까이 가져가도 비슷한 일이 일어난다. 반대로 자석을 멀리 떼어 놓으면 철 속에서 한 방향을 향했던 원자들이 다시 자유롭게 방향을 바꾸므로 철에 생겼던 자기력이 사라진다.

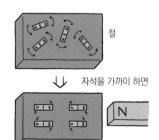

전자기·전자기파

【Electromagnetism·Electromagnetic wave】

전기와 자기는 비슷한 구석이 있다. 게다가 전기가 자기를, 또 자기가 전기를
서로서로 만들어 내기도 한다. 떼려야 뗄 수 없는 이 둘을 묶어서
'전자기'라고 부르며, 이들이 현대 전자공학의 기초를 이룬다.

전자기 유도

전기로 자기를 만들 듯이(→ p.72) 자
기를 이용해 전기를 만들 수는 없을
까? 패러데이(→ p.68)는 실험을 통해
전선에 자석을 가까이 가져가거나 멀
리 떼어 놓으면 전선에 전류가 흐른다
는 것을 알아냈다. 이 현상을 '전자기
유도'라고 부른다.

전기밥솥 같은 유도 가열 방식(IH)
조리 기구는 전기의 흐름을 변화시켜
서 자기장을 만든다. 그러면 자기장의
변화에 따라 솥의 철 속에 전류가 흐르
고, 이 전류로 인해 발생한 열이 솥 내
부를 뜨겁게 달군다.

전기가 흐른다.

가까이 다가간다.

N

서로를 만들어 내는 자기장과 전기장

전선에 자석을 멀리 또는 가까이 하면서 자기장의 세기를
변화시키면 그 주위에 전기장이 형성되어 전류가 흐른다.
마찬가지로 전기장의 세기를 변화시키면 그 주위에 자기
장이 형성된다.

발전기

발전소에서는 전자기 유도를 이용
해 전기를 만들어 낸다.

발전기의 원리

자기장 속에서 코일을 회전시키면 코일 안쪽을 관통
하는 자기장이 달라져서 전기가 흐른다.

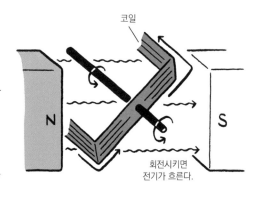

코일

N

S

회전시키면
전기가 흐른다.

전자기파

전기장과 자기장이 저절로 계속 만들어지는 일도 있다.

전자기파

전기장이 달라지면 주위에 자기장이 생기고, 그 자기장이 달라지면 또 그 주위에 전기장이 생긴다. 이 현상이 연이어 반복되면 전기장과 자기장이 서로 수직인 방향으로 번갈아 가며 생겨 점점 퍼져 나간다.

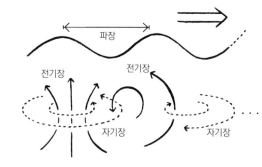

전기장과 자기장이 퍼져 가는 모습이 수면에 이는 파도와 비슷해서 이것을 '전자기파'라고 한다. 빛의 정체가 바로 전자기파다. 우리 눈에 보이는 빛(가시광선)은 전자기파의 파장이 약 0.0005mm(=500nm)이다.

가시광선뿐 아니라 전파, 마이크로파, 적외선, 자외선, X선 등도 전자기파의 일종이다. 각각 파장과 에너지가 달라서 성질도 모두 다르다.

다양한 전자기파

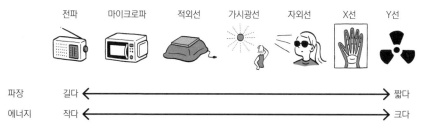

전파는 파장이 길고 장해물이 있으면 돌아서 나아간다. 그래서 건물에 가려진 구석진 곳에서도 라디오 전파가 잡힌다.
마이크로파나 적외선은 물 분자를 세게 진동시킨다. 이 성질을 이용해 식품이나 인체 등 물을 함유한 물체를 데울 수 있다.
자외선은 몸속 단백질과 DNA를 파괴할 만큼 에너지가 크다. 그래서 우리 몸은 피부를 검게 만들어 자외선이 들어오지 못하도록 한다.
X선은 에너지가 크고 물질을 잘 투과한다. 몸속을 X선으로 촬영할 수 있는 이유가 이 때문이다.

영국의 물리학자 제임스 맥스웰은 지금까지 열거한 전자기의 성질 모두를 단 네 개의 방정식으로 정리했다. 그것을 '맥스웰의 방정식'이라고 한다. 우리는 이 방정식 덕분에 지금처럼 다양한 형태로 전기장을 응용할 수 있게 되었다.

반도체·트랜지스터

【 Semiconductor · Transistor 】

컴퓨터를 비롯해 오늘날 거의 모든 전자 기기에 쓰이는 부품인
'반도체'와 '트랜지스터'는 어떤 원리로 작동할까?

도체와 절연체

구리나 은, 알루미늄 등 전기를 잘 전달하는 물질을 '도체'라고 한다. 도체의 내부에는 원자에서 떠돌다 나온 자유 전자(→ p.70)가 많다. 그래서 전기가 쉽게 흐른다. 또 자유 전자가 원자의 진동을 멀리까지 전달하므로 도체는 열(→ p.44)을 잘 전달한다. 또한 자유 전자는 빛을 차단해서 다시 튕겨 내므로 도체는 반짝이는 광택을 지닌다.

반면 공기나 종이, 고무와 같이 전기를 전달하지 않는 물질을 '절연체'라고 한다. 전기가 흐르지 않는 이유는 원자에서 전자가 나올 수 없기 때문이다. 단, 절연체에도 높은 전압을 가하면 방전되어 순식간에 전기가 흐르는 경우가 있다. 공기 중에서 일어나는 방전, 그것이 바로 번개다.

도체의 성질

도체

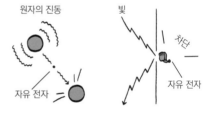

자유 전자

원자의 진동

자유 전자

빛

차단

자유 전자

반도체

전자 기기의 부품을 만드는 데 주로 사용하는 규소(→ p.118)는 전자가 한 원자에서 다른 원자로 날아서 옮겨 다닌다. 이 때문에 저항(→ p.71)이 비교적 커서 전류가 약하게 흐른다. 이러한 물질을 반도체라고 한다.

반도체의 구조

반도체

원자

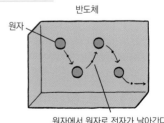

원자에서 원자로 전자가 날아간다.

순수한 반도체는 전류가 잘 흐르지 않지만, 약간의 불순물을 첨가해서 전류가 잘 흐르게 할 수 있다. 불순물을 섞는 과정을 '도핑'이라고 하며, 도핑 결과에 따라 n형 반도체와 p형 반도체가 만들어진다.

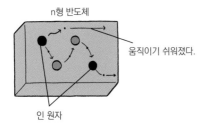

n형 반도체

움직이기 쉬워졌다.

인 원자

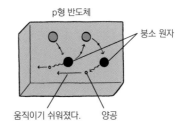

p형 반도체

붕소 원자

움직이기 쉬워졌다.   양공

규소에 인을 조금 섞으면 원자들끼리 결합하고 남아도는 전자가 생긴다. 이 전자들이 자유롭게 이동함으로써 전기가 잘 흐른다. 이처럼 도핑 후 전자가 남아도는 반도체를 'n형 반도체'라고 한다. 'n'은 'negative'의 머리글자로 음전하의 '음'을 뜻한다.

규소에 붕소를 조금 섞으면 원자들끼리 결합할 때 전자가 조금 부족한 상태가 된다. 이렇게 전자가 존재하지 않는 구멍 같은 곳을 '양공'이라고 하는데, 바로 이 양공이 이동함으로써 전기가 흐른다. 이처럼 도핑 후 양공이 남아도는 반도체를 'p형 반도체'라고 한다. 'p'는 'positive'의 머리글자로 양전하의 '양'을 뜻한다.

트랜지스터의 구조

반도체의 성질을 이용한 전자 부품 중 하나가 다양한 전기 제품에 사용되고 있는 트랜지스터다.

트랜지스터

트랜지스터는 얇은 p형 반도체 양쪽에 두 개의 n형 반도체를 붙인 샌드위치 구조를 하고 있다. 이 유형의 트랜지스터를 npn형 트랜지스터라고 한다. 반대로 얇은 n형 반도체 양쪽에 두 개의 p형 반도체를 붙인 유형도 있는데, 이것은 pnp형 트랜지스터라고 부른다. 둘 다 근본 원리는 비슷하다.

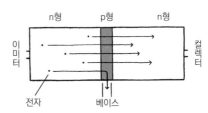

n형   p형   n형

이미터   컬렉터

전자   베이스

트랜지스터에는 이미터, 베이스, 컬렉터라고 부르는 세 개의 단자가 있다. npn형 트랜지스터의 이미터와 베이스 사이에 전류를 흘리면(베이스 전류) 베이스가 너무 얇아서 전자 대부분이 컬렉터 쪽으로 튀어나가 버린다. 그래서 이미터와 컬렉터 사이에 큰 전류가 흐른다(컬렉터 전류).

베이스 전류를 조금만 변화시켜도 컬렉터 전류의 변화가 크게 나타난다. 이러한 성질을 이용해 미세한 전기적 변화를 커다란 전기 신호로 바꾸는 것을 '증폭 작용'이라고 한다. 트랜지스터의 증폭 기능을 잘 이용하면 여러 가지 계산을 수행할 수 있다. 컴퓨터의 중앙 처리 장치(CPU)나 메모리 등은 수많은 트랜지스터를 작은 칩 속에 꽉꽉 채워 넣어 만든다.

초전도

【 Superconductivity 】

아주 낮은 온도에서는 일상적인 크기의 물체에도
양자 역학적인 작용이 일어나 매우 신기한 일이 벌어진다.
그리고 그 신비로운 현상이 우리 삶을 이롭게 한다.

Physics ｜ Electricity ｜ Chemistry ｜ Biology ｜ Geography ｜ Cosmology

절대 영도

물체 내부의 분자 운동에 의해 나타
나는 에너지를 열에너지(→ p.44)라 하
며, 이러한 분자의 운동이 얼마나 활
발한지 숫자로 나타낸 것이 온도다.
즉, 분자의 운동이 약할수록 온도는
낮다. 따라서 분자가 완전히 정지했을
때 가장 낮은 온도가 된다. 이 온도를
'절대 영도'라고 한다.

절대 영도의 세계

절대 영도에서는 원자가 정지해 있다.

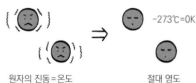

원자의 진동=온도 　　　절대 영도

$-273℃=0K$

절대 영도는 '절대 온도'의 단위 '켈빈(K)'을 사용해 나타낸다. 절대 온도를 섭씨온도로
환산하면 $0K=-273℃$이다. 섭씨온도에는 음의 값이 있지만, 절대 온도로 환산하면 모두
양의 값이 된다. 예를 들어 $-100℃=173K$, $0℃=273K$, $100℃=373K$이다.

자연계에서 절대 영도보다 낮은 온도는 없다. 완전히 정지(엄밀히 따지면 절대 영도에서도
양자 역학적인 최소한의 진동은 남아 있다)한 상태보다 운동 상태가 더 약해지는 일은 있을 수
없기 때문이다. 그래서 $0K$보다 더 낮은 온도는 절대로 존재하지 않는다. 이것을 '열역학
제3법칙'이라고 한다.

초전도

수은을 $-269℃$ 이하로 온도를 낮추어 가면 전기 저항(→ p.71)이 갑자기 0이 되면서 전
류가 마음껏 흐른다. 이 현상을 '초전도' 또는 '초전기 전도'라고 하며, 1911년에 네덜란드
의 물리학자 헤이커 오너스가 발견했다. 초전도 현상이 일어나는 물질을 '초전도체'라고
한다. 수은 외에도 몇 종류가 더 있는데, 대부분 절대 영도에 가까운 극저온에서만 초전
도 현상이 일어난다.

공중 부양

초전도 현상이 일어난 물체를 자석 위에 놓으면 공중에 둥둥 뜬다. 1933년에 독일의 물리학자 프리츠 발터 마이스너가 발견한 현상으로, '마이스너 효과'라고 부른다. 보통 자석만으로는 이런 신기한 현상을 볼 수 없다.

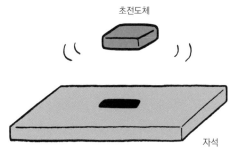

초전도체

자석

그렇다면 초전도 현상은 왜 일어나는 것일까?

전자의 쌍

극저온에서는 양자 역학적인 작용으로 두 개의 전자가 쌍을 이룬다. 이것을 '쿠퍼쌍'이라고 하는데, 쿠퍼쌍을 이룬 전자는 어떤 장해물도 개의치 않고 이동할 수 있어서 물체의 저항이 0이 된다.

전자

초기에는 매우 낮은 온도에서만 초전도 현상이 관찰되었으나 1986년에 제법 높은 온도에서 초전도 현상을 보이는 '고온 초전도체'가 발견되었다. 그런데 말이 고온이지 실제로는 −200℃ 정도의 저온이다. 이후 꾸준히 연구가 진행되어 지금은 −140℃ 정도에서 초전도 현상을 일으키는 물질이 개발되었다.

초전도체의 이용

초전도체는 전기 저항이 없으므로 많은 전류가 전력 소모 없이 흘러갈 수 있다. 이러한 성질을 이용하면 아주 강력한 전자석을 만들 수 있다. 초전도 전자석은 의료 진단용 장비인 자기 공명 영상 장치(MRI)나 자기 부상 열차 등에 이미 사용되고 있으며, 미래에는 핵융합로에도 유용하게 쓰일 것으로 기대하고 있다.

또 초전도체로 전선을 만들 수 있다면 먼 거리까지 전력 손실 없이 송전할 수 있고, 반영구적으로 전기를 저장할 수도 있을 것이라고 한다. 그러나 지금까지 개발된 초전도체는 상당히 저온인 상태가 아니면 초전도 현상이 일어나지 않으므로 실제로 이용하기가 몹시 까다롭다. 만약 상온에서도 초전도 현상이 일어나는 물질이 개발된다면 전력 문제가 단숨에 해결될지도 모른다.

레이저

【Laser】

디지털 비디오디스크(DVD)나 바코드를 읽는 기계에도 사용되고,
광통신, 정밀 가공, 정밀 관측과 같은 첨단 분야에도 활용되는 '레이저'.
레이저 광선에 어떤 특성이 있기에 이처럼 광범위하게 쓰일까?

레이저 광선

태양광이나 형광등의 빛을 프리즘에 투과시켜 보면 스펙트럼(→ p.36)이 넓은 범위에 걸쳐 나타난다. 이러한 빛에는 파장이 긴 전자기파(→ p.75)와 짧은 전자기파가 섞여 있고, 빛의 입자마다 진행 방향과 속도가 제각각이다. 빛의 입자를 사람에 비유하자면, 태양광이나 형광등 빛처럼 일반적인 빛이 나아가는 양상은 사람들이 저마다 자유롭게 가고 싶은 방향으로 가는 모습과 같다.

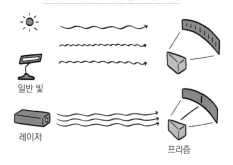

일반 빛과 레이저 광선의 차이

일반 빛

레이저

프리즘

이와 달리 레이저 광선의 스펙트럼은 딱 한 군데에만 밝은 선이 나타나고 다른 부분은 새까맣다. 레이저 광선은 단 한 종류의 전자기파가 모인 것으로, 파장이 전부 같고 빛의 입자들이 진행하는 방향과 속도가 모두 일정하다. 마치 군인들이 발맞추어 행군하는 것과 같다.

그래서 레이저 광선은 아주 먼 거리까지 빛이 퍼지지 않고 똑바로 나아가며, 일반 빛보다 훨씬 가느다랗게 빛을 쏠 수 있다. 또 엄청나게 강한 빛도 만들 수 있다.

레이저 장치의 원리

레이저 장치 안에는 금속을 섞어 넣은 사파이어나 반도체(→ p.76) 같은 특별한 재료[2]가 들어 있다. 그 재료들에 전압을 가하면 모든 원자가 한곳에 모인다. 여기에 바깥에서 약한 빛을 넣어 주면 가장자리에 있는 원자들부터 빛에 자극을 받아 동시에 똑같은 파장으

로 전자기파를 내보낸다. 그러면 그 옆에 있던 원자도 연이어 똑같은 전자기파를 내보낸다. 이러한 현상이 연쇄적으로 일어남으로써 수많은 원자에서 내보낸 똑같은 전자기파가 다발이 되어 나온다.[3]

레이저 발생 장치

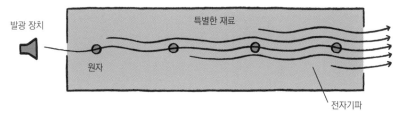

발광 장치

특별한 재료

원자

전자기파

실제 장치는 두 장의 거울로 빛을 몇 차례나 왕복시켜서 더 많은 전자기파를 만들어 낸다.

광섬유 속의 레이저 광선

전기 대신에 빛으로 정보를 전달하는 광섬유 통신에 레이저 광선이 이용된다. 광섬유 속에서는 파장에 따라 전자기파가 나아가는 속도가 다르다. 이 때문에 여러 파장의 전자기파가 섞인 일반 빛은 광섬유 속을 나아갈수록 점점 신호가 퍼져서 흐릿해진다. 그러나 레이저 광선은 한 가지 파장의 전자기파로만 이루어져 있어서 먼 거리를 나아가도 신호가 흐려지지 않으므로 정보를 제대로 보낼 수 있다.

레이저를 이용한 우주 탐사

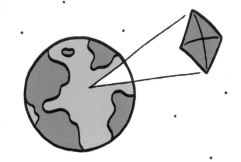

미래에는 우주 탐사에도 레이저 광선이 사용될지 모른다. 돛을 펼친 탐사선을 우주 공간에 띄워 두고 지상에서 강력한 레이저 광선을 쏘아 가속하는 계획이 나왔다. 실현 가능하다면 탐사선 본체에 연료를 채울 필요가 없고, 탐사선을 빛의 속도에 가깝게 가속할 수 있다. 이 방법으로 지구에서 약 4LY(→ p.206) 떨어진 '프록시마 센타우리'라는 항성(→ p.214)으로 탐사선을 보내자는 장대한 구상까지 나와 있다.

LED

【Light Emitting Diode】

형광등보다 훨씬 밝으면서 소비 전력이 적은 기특한 존재 'LED'.
현재 다양한 조명뿐 아니라 대형 디스플레이, 신호등 등에도 쓰이고 있다.
LED 역시 트랜지스터와 마찬가지로 반도체가 있기에 가능한 기술이다.

빛나는 반도체

LED는 'light emitting diode'의 머리글자를 딴 이름으로 '발광 다이오드'라는 뜻이다. '다이오드'란 반도체로 만든 전자 부품의 하나로, 전기를 한 방향으로만 흐르게 하는 성질이 있다. 일반적인 다이오드는 빛을 내지 않지만, 특별한 반도체로 만든 다이오드는 전류가 흐르면 정해진 색의 빛을 낸다. 빛을 내는 다이오드를 발광 다이오드라고 한다.

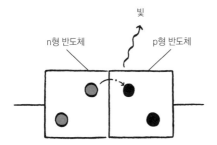

LED의 구조

LED는 n형 반도체와 p형 반도체를 붙여 만든다. 전압을 가하면 n형 반도체에 있던 전자가 p형 반도체 쪽으로 이동해서 양공(→ p.77)과 결합한다. 이때 발생한 에너지가 빛의 형태로 방출된다. 이 에너지는 열에너지로 바뀌지 않으므로 LED는 열이 발생하지 않고, 에너지가 낭비되지도 않는다.

LED가 내는 빛의 색은 어떤 화합물로 만든 반도체를 사용하느냐에 따라 달라진다. 물질마다 전자와 양공이 만날 때 방출되는 에너지가 달라서 색을 결정하는 파장도 달라지기 때문이다. 따라서 하나의 LED로 다양한 색상을 낼 수는 없다.

LED의 색과 반도체의 종류

빨간색(R)	알루미늄갈륨비소(AlGaAs)
노란색(Y)	알루미늄인듐갈륨인산염(AlInGaP)
파란색(B)	질화인듐갈륨(InGaN)

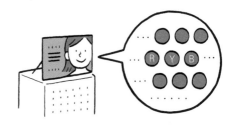

청색 LED

밝은 빛을 내는 LED를 많이 나열하면 야외용 대형 디스플레이를 만들 수 있다. 하지만 원하는 대로 색상을 표현하려면 액정 디스플레이와 마찬가지로 빨강, 초록, 파랑 삼원색이 모두 있어야 하고, 그러기 위해서는 각각의 색을 내는 LED가 필요하다. 또한 LED로 밝은 조명 기구를 만들기 위해서도 빨강, 초록, 파랑 빛을 모두 섞어서 백색광(→ p.36)을 만들어야 한다.

빨간색과 초록색 LED는 1960년대에 이미 개발되었다. 그러나 파란색 빛을 내는 반도체(질화인듐갈륨)와 LED 기판의 재료(사파이어)는 서로 간에 원자 간격의 차이가 너무 커서 조합하기가 쉽지 않았다. 이 때문에 기판 위에 질화인듐갈륨 박막[4]을 결함 없이 균질하게 만들기가 어려웠다. 그래서 청색 LED만이 오랫동안 세상에 나오지 못했다.

노벨상으로 이어진 아이디어

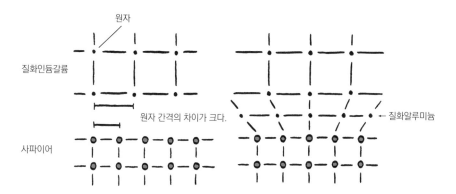

그러던 중, 일본의 공학자 아카사키 이사무와 아마노 히로시가 질화인듐갈륨과 사파이어 사이에 원자의 간격이 그 중간인 질화알루미늄(AlN)이라는 재료를 끼우는 아이디어를 냈고, 이로써 사파이어 기판 위에 고품질 질화인듐갈륨 박막을 만드는 데 성공했다. 이어서 일본계 미국인 공학자 나카무라 슈지가 획기적인 대량 생산 방법을 개발했다.

그리하여 1990년대에 청색 LED가 실용화되었고, 이후 LED는 더 많은 분야에 활용되기 시작했다. 이 공적으로 아카사키, 아마노, 나카무라는 2014년에 노벨 물리학상을 받았다.[5] 청색 LED는 오늘날 스마트폰, 태블릿 PC, 노트북, LED TV 등 우리 주변에 광범위하게 사용되고 있다.

태양 전지

【Solar cell】

트랜지스터나 LED처럼 '태양 전지'도 반도체를 사용하는 장치다.
에너지 문제를 해결할 대안으로 손꼽히는 이 기술은 꾸준히 진보하고 있다.
언젠가는 지금껏 상상도 못 한 활용 방법이 등장할지도 모른다.

태양 에너지의 활용

태양 전지판처럼 빛이 닿으면 전기를 발생시키는 장치가 '태양 전지'다. 태양에서 지구로 쏟아지는 빛 에너지는 약 18경 W(→ p.27)에 달한다. 오늘날 전 세계에 공급되는 에너지의 1만 배가 넘는 양이다. 그중에서 공기가 흡수하는 양을 제외하더라도 지상 1m²당 1,000W의 태양 에너지가 도달한다. 이런 에너지를 제대로 활용할 수만 있다면 얼마나 좋을까?

LED(→ p.82)와 마찬가지로 태양 전지도 p형 반도체와 n형 반도체로 만든 얇은 판을 붙여 만든다. 구조만 보면 LED와 같지만, 실제로는 LED와 정확히 반대로 기능한다. LED는 전기를 써서 빛을 발생시키고, 태양 전지는 빛을 써서 전기를 발생시킨다. 과학과 공학 세계에서는 이처럼 'A에서 B가 생긴다면 반대로 B에서도 A가 생기지 않을까?' 하고 생각하는 것이 자연스러운 일이다.

태양 전지의 구조

p형 반도체와 n형 반도체의 경계에 빛이 닿으면 그 에너지를 받은 원자에서 전자(→ p.39)가 빠져나와서 양공(→ p.77)이 생긴다. 빠져나온 전자는 n형 반도체 쪽에, 양공은 p형 반도체 쪽에 남는다. 그러므로 이 두 끝을 회로로 이어 주면 전자가 회로를 따라 이동해서 전류가 흐른다.

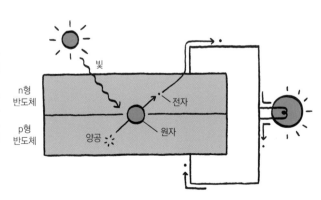

일반적인 태양 전지에 사용되는 반도체는 실리콘(→ p.118)으로 만든다. 실리콘은 다른 반도체 부품에도 많이 사용되는 까닭에 이미 제조 기술이 확립되어 있고 가격도 싸다. 그래서 주택용 태양 전지판이나 태양광 발전소에서 쓰이는 태양 전지는 대부분 실리콘으로 만든다. 하지만 실리콘은 빛을 붙잡아 두는 능력이 그리 뛰어나지 않아서 판을 제법 두껍게 만들어야만 효율적으로 전기를 생산할 수 있다. 그래서 무게가 많이 나가고 구부리기가 힘들어 원하는 형태로 만들어 쓰기가 어렵다.

다양한 태양 전지

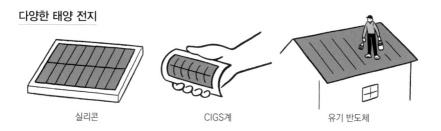

| 실리콘 | CIGS계 | 유기 반도체 |

최근에는 실리콘 외에 다른 재료로 만든 반도체를 사용하는 태양 전지를 개발하고 있다. 그중에서도 CIGS계 태양 전지는 두께가 1,000분의 몇 밀리미터로 얇으면서도 효율이 높아 기대를 모으고 있다. 참고로 CIGS란, 여기에 사용된 원소인 구리(Cu), 인듐(In), 갈륨(Ga), 셀레늄(Se)의 머리글자를 딴 것이다. 또 바르기만 하면 무엇이든 태양 전지로 기능할 수 있게 만드는 유기 반도체 페인트도 개발 중이다. 가까운 미래에는 주택의 지붕이나 외벽에 페인트만 칠해도 태양 전지판이 생기는 시대가 올지도 모른다.

역사와 과제

실용적인 태양 전지는 1955년 무렵 미국의 벨 연구소에서 처음 개발했다. 뒤따라 일본도 적극적으로 개발에 뛰어들어 2005년경까지 전 세계 태양 전지 점유율의 반을 차지하기도 했다. 그러나 이후 중국 등 다른 나라의 제조사에 연달아 따라잡히면서 현재는 점유율이 10%대로 떨어졌다.

태양 전지에도 단점은 있다. 해가 떠 있을 때만 사용할 수 있으니 야간에는 발전할 수 없고 날씨의 영향도 크게 받는다. 따라서 안정적인 전력 공급이 불가능하다. 또한 아직은 발전 비용이 비싸서 태양광 발전소가 늘어날수록 전기 요금이 오르게 된다. 게다가 태양광 발전소를 지으려면 넓은 땅이 필요하므로 자칫 환경 파괴로 이어지기도 쉽다. 어떤 발전 방식이든 장단점이 있다. 다양한 방식을 조합해 가며 최고의 방법을 찾는 것이 인류 앞에 놓인 과제다.

인공 지능

【 Artificial intelligence 】

최근 뉴스에 '인공 지능'이라는 단어가 오르내리지 않는 날이 없을 정도다.
간혹 공상 과학 소설처럼 획기적으로 들리는 이야기도 있다.
인공 지능이 어떤 시스템인지 가볍게 훑어보자.

생각하는 기계?

21세기에 들어 컴퓨터의 성능이 빠르게 향상되었다. 그러면서 인간의 뇌와 똑같이 학습하고 추론해 판단하는 컴퓨터, 이른바 인공 지능이 조금씩 현실로 다가오기 시작했다. 그리하여 지금은 화상 인식이나 자동 번역, 음성 인식 등 일정한 작업 몇 가지는 자동으로 처리할 수 있게 되었다. 현시점에서는 작업의 종류에 따라 각각 다른 시스템을 갖추어야 하지만, 언젠가는 정말 사람의 뇌처럼 하나의 시스템 안에서 다양한 작업을 해낼 수 있을지도 모른다.

딥 러닝

현재 인공 지능의 토대를 다져 주고 있는 강력한 도구가 바로 '딥 러닝', 즉 '심층 학습'이다. 딥 러닝이란 방대한 데이터를 몇 단계씩 나누어 통계적으로 해석하는 방법으로, 인간의 뇌가 하는 일을 프로그램상으로 흉내 낸 것이다.

예를 들어 얼굴 사진을 보고 그 사람이 누구인지 알아내는 과제가 있다고 가정해 보자. 우선 1단계 모듈이 각 사진 속에서 실마리를 찾아 어떤 패턴을 끄집어내서 그다음 단계로 정보를 보낸다. 2단계 모듈 역시 같은 방식으로 다음 단계에 정보를 보낸다. 이와 같은 일을 몇 단계 반복한다. 이렇게 해서 나온 결과를 정답과 비교하면 대부분 처음에는 거의 맞히지 못한다. 그러면 각 단계의 모듈을 적당히 조절한 다음 처음부터 다시 실행한다. 이 과정을 여러 차례 반복하다 보면 정답에 점점 가까워진다. 그러면 다 된 것이다. 새로운 얼굴 사진을 가져와도 높은 확률로 정답을 낼 수 있다.

얼굴 인식 시스템

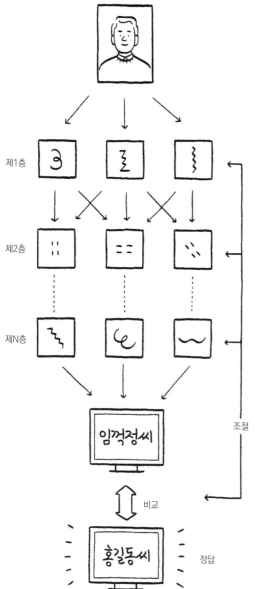

제1층

제2층

제N층

조절

비교

정답

'심층 학습'의 '심층'이란 모듈이 여러 층으로 이루어져 있다는 뜻이다. 모듈 하나하나가 정확히 어떤 작용을 하는지는 아무도 모른다. 몇 번씩이나 반복해서 적당히 조절한 결과로 정답이 나왔을 뿐이기 때문이다.

인공 지능의 미래

인공 지능이 계속해서 진보하면 언젠가는 인간의 능력을 따라잡을 것이라는 설이 있다. 그 시점을 미래학자인 레이 커즈와일은 '특이점'이라고 이름 붙였다. 이 단어는 '뒤로 돌아갈 수 없는 점'이라는 뜻으로, 인공 지능이 인간을 따라잡으면 두 번 다시 이전으로 돌아갈 수 없다는 뜻이 담겨 있다.

특이점이 오면 인류에게 밝은 미래가 찾아올 것이라고 말하는 사람들도 있고, 반대로 인류가 인공 지능에 지배당하는 암울한 미래를 걱정하는 사람들도 있다. 혹은 인공 지능이 그렇게까지 진보할 일은 없으므로 특이점은 절대로 찾아오지 않을 것이라고 말하는 사람들도 있다. 어느 말이 옳은지는 그때가 되어 보지 않으면 알 수 없을 것이다.

양자 컴퓨터

【 Quantum computer 】

현재의 컴퓨터보다 압도적으로 더 빠르다지만 아직 실현되지는 않았다.
'양자 컴퓨터'는 단순히 처리 속도가 빠른 것이 아니라
근본적으로 시스템이 다르다. 그 열쇠가 바로 '양자'다.

기존 컴퓨터의 시스템

정보를 나타내는 방식

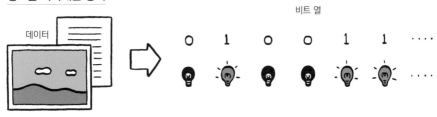

컴퓨터는 문장이든 이미지든 어떤 정보라도 0과 1의 열로 바꾸어 표시할 수 있다. 바로 이 0과 1을 '비트'라고 한다. 현재의 컴퓨터는 전류가 흐르지 않으면 0, 흐르면 1로 정해 두고 전류를 끄고 켬으로써 비트 열을 표현한다. 계산을 하거나 이미지를 처리하는 등의 작업을 하려면 비트를 여러 가지 형태로 조합해야 한다. 즉, 100만 가지 방식의 데이터를 처리하려면 100만 가지 방식의 비트 열을 준비하고 그것을 순서대로 하나하나 조작해야 한다. 이를 '순차 계산'이라고 하는데, 이런 방식으로 데이터를 처리하려면 어마어마하게 긴 시간이 필요하다.

양자를 이용하면

만약 여러 가지 방식의 비트 열을 동시에 정리하고 표현할 수 있다면 데이터를 처리하는 시간이 훨씬 짧아질 것이다. 이것이 양자 컴퓨터의 발상이다. 양자 컴퓨터에서는 양자 겹침(→ p.42) 성질을 이용해 하나의 비트에서 0과 1을 동시에 표현한다. 이것을 '양자 비트' 또는 '큐비트'라고 한다. 큐비트의 '큐(Q)'는 양자를 뜻하는 단어 'quantum'에서 왔다.

큐비트

전자의 스핀(→ p.42)이 위를 향해 있으면 1, 아래를 향해 있으면 0으로 정해 두고, 전자가 상향과 하향의 겹침 상태가 되도록 한다. 이 겹침 상태의 전자를 나열해서 열을 만들면 단 하나의 열에 몇 가지 방식의 데이터를 표현할 수 있다. 큐비트는 전자뿐 아니라 빛이나 원자핵을 이용해 표현할 수도 있다.

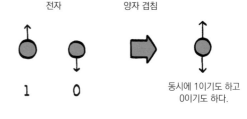

전자　　　양자 겹침

1　　0

동시에 1이기도 하고
0이기도 하다.

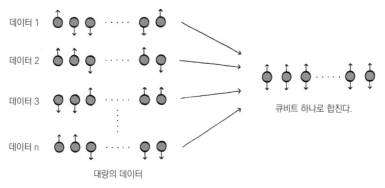

데이터 1

데이터 2

데이터 3

데이터 n

대량의 데이터

큐비트 하나로 합친다.

따라서 큐비트 열을 한 번 조작하는 것만으로 모든 데이터를 동시에 처리할 수 있게 된다. 이를 '병렬 컴퓨팅'이라고 한다. 아무리 데이터가 많아져도 처리 시간은 달라지지 않는다.

만약 실현된다면

지금까지는 실용화할 만한 양자 컴퓨터가 완성되지 않았다. 만약 양자 컴퓨터가 보급된다면 모든 종류의 데이터를 단시간에 처리할 수 있을 것이다. 가령 인공 지능에 사용되는 딥 러닝(→ p.86) 방식은 방대한 데이터를 동시에 몇 가지 방식으로 처리해야 하는데, 현재는 대형 컴퓨터를 몇 대씩 연계해서 처리하고 있다. 그러나 양자 컴퓨터를 사용한다면 단 한 대의 컴퓨터로 눈 깜짝할 사이에 처리할 수 있을 것이다.

양자 겹침 상태는 대단히 섬세해서 사소한 노이즈[6]에도 금세 무너진다. 양자 컴퓨터 개발이 힘든 이유도 그 때문이다. 하지만 전 세계 과학자들이 포기하지 않고 양자 컴퓨터 연구에 몰두하고 있다.

이미 캐나다의 한 컴퓨터 회사에서는 '디 웨이브'라는 양자 컴퓨터를 개발해 판매하고 있다. 그러나 실제로는 양자 컴퓨터와 원리가 다르고 그 능력이 어느 정도까지인지 제대로 검증되지 않았다.

Physics ｜ Electricity ｜ Chemistry ｜ Biology ｜ Geography ｜ Cosmology

양자 전송

【Quantum teleportation】

순간 이동은 공상 과학 소설 속에서나 일어나는 이야기로 알고 있지만
양자 역학을 이용하면 정보를 순간 이동 수준으로 빠르게 전송할 수 있다.
어떻게 그런 일이 가능할까?

정보의 순간 이동

문장이나 이미지 등의 정보를 1과 0비트(→ p.88)로 변환한 다음, 전자의 방향을 이용해서 그 비트를 표현했다고 생각해 보자.

정보를 전자로 나타내다

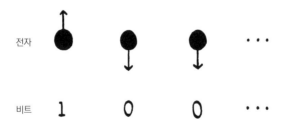

이 전자의 방향을 멀리 떨어진 곳에 전달하면 정보를 전송할 수 있다. 이를 위해서 떨어진 장소에 있는 두 개의 양자가 텔레파시 같은 것으로 서로 이어져 있다는, 양자 역학의 신기한 성질 '양자 얽힘(→ p.42)'을 이용한다.

양자 얽힘은 상식적으로 정말 이상한 성질이다. 아인슈타인마저 양자 얽힘과 같은 이상한 현상이 있을 리가 없다고 꾸준히 주장했다. 그러나 1964년에 유럽 입자 물리 연구소(CERN)의 물리학자 존 스튜어트 벨이 양자 얽힘 현상이 실제로 일어난다는 사실을 수학적으로 증명했다.

양자 전송

원래의 정보를 기록한 전자(A)를 가진 앨리스(Alice)가 그 정보를 밥(Bob)이 있는 곳으로 이동시키려고 한다. 참고로 앨리스와 밥은 양자 기술의 세계에서 흔히 사용하는 이름이다.

양자 얽힘과 양자 전송

우선 양자 얽힘 상태에 있는 두 개의 전자(B와 C)를 준비해서 앨리스와 밥이 하나씩 나누어 갖는다.

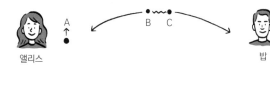

앨리스는 어떤 조작을 통해서 전자 B와 원래 정보를 기록한 전자 A를 양자 얽힘 상태로 만든다.

그러면 밥이 가지고 있는 전자 C도 앨리스가 있는 곳에 있던 전자 A와 순식간에 양자 얽힘 상태가 되어서 C에는 A의 정보와 똑같은 것이 기록된다.

이때 앨리스가 가지고 있던 A의 정보는 사라진다. 결과적으로 앨리스에게 있던 정보가 밥이 있는 곳으로 이동한 셈이 된다. 보통의 통신과 달리 아무리 멀리 떨어져 있더라도 정보는 순식간에 이동한다. 이것이 양자 전송이다.

양자 전송의 원리는 1993년에 미국의 찰스 베넷 교수 팀에 의해 고안되었고, 1997년에 오스트리아의 안톤 차일링거 교수 팀이 불완전하나마 실험에 성공했다. 그리고 1998년, 당시 캘리포니아 공과대학에 유학 중이던 일본의 물리학자 후루사와 아키라의 연구 팀이 완전한 양자 전송을 실현하는 데 성공했다.

양자 전송이 실용화되면 장거리 고속 데이터 통신이 가능해질 것이다. 이미 광섬유를 이용해 100km 떨어진 곳에 양자의 상태를 송신하는 실험에 성공했다. 미래의 통신망은 양자 전송으로 구축될지도 모른다.

기댓값

도박으로 패가망신하기 전에 알아 둘 것

복권을 사면 당첨될까? 복권 당첨 번호는 룰렛을 닮은 공정한 기계에서 나온다. 따라서 당첨이 되느냐 마느냐는 순전히 우연으로 결정된다. 결과는 아무도 모른다. 그야말로 운이다.

그러나 평균 얼마 정도 당첨금을 받을 수 있을지는 수학으로 계산할 수 있다. 예를 들어 한 장에 1,000원인 복권이 총 1,000만 장 발매되었고 상금과 당첨 수는 아래 표와 같이 정해져 있다고 가정해 보자.

순위	상금	당첨 수
1등	10억 원	5장
2등	100만 원	100장
3등	1,000원	10만 장

만약 당신이 이 복권을 혼자서 몽땅 사 버린다면 1등은 반드시 다섯 장 당첨될 것이고, 2등은 반드시 100장 당첨될 것이다. 우연도 행운도 아무 상관이 없다. 받을 수 있는 당첨금의 액수는 추첨하기 전부터 미리 알고 있는 대로

(10억 원×5장)+(100만 원×100장)+(1,000원×10만 장)=52억 원

이 될 것이다. 1,000만 장을 모두 사들여서 당첨금을 이만큼 받으니 한 장당 받을 수 있는 평균 당첨금 액수는

52억 원÷1,000만 장=520원

인 셈이다. 따라서 1,000원을 주고 산 복권 한 장당 520원의 당첨금을 받을 수 있다. 이 수치를 '기댓값'이라고 한다. 이만큼의 당첨금을 '기대'할 수 있다는 뜻이다.

발매된 복권을 전부 사들이면 틀림없이 한 장당 이 기댓값만큼의 당첨금을 받을 수 있다. 그러나 현실에서 홀로 복권을 싹쓸이해 사는 사람은 없다. 그러니 구매 수량을 조금 줄여 보자. 예를 들어 발매된 복권 1,000만 장 중 절반인 500만 장을 산다면 어떨까? 그러면 받을 수 있는 당첨금 액수는 어느 정도 우연에 좌우된다. 어쩌면 당첨 복권이 전부 이 500만 장 안에 있어서 52억 원의 당첨금을 다 받을지도 모르고, 반대로 당신이 산 500만 장이 전부 꽝이어서 받을 수 있는 당첨금이 0원일지도 모른다. 하지만 보통은 두 경우 다 쉽게 일어나지 않는다. 그러니 대체로 당첨금 액수의 반인 26억 원 정도는 받을 수 있을 거라고, 어느 정도는 자신 있게 말할 수 있을 것이다. 즉, 한 장당 520원 정도는 받을 수 있을 것으로 생각해도 좋다.

그렇다면 구매 수량을 점점 줄이면 어떻게 될까? 최종적으로 복권을 단 한 장만 산다면? 당신이 얼마에 당첨될지는 대단히 큰 우연에 좌우될 것이다. 1등에 당첨될 수도 있고, 꽝이 될 수도 있다. 그러나 1,000만 명이 각자 복권을 한 장씩만 산다면 한 명당 받을 수 있는 평균 당첨금은 똑같이 520원이다. 그러므로 당신이 한 장당 받을 수 있을 것 같은 상금도 520원이다. 물론 520원이라는 상금 설정은 없으니 실제로 520원을 받을 일은 없다. 그러나 평균으로 말하자면 당신은 520원 정도는 받을 수 있을 것으로 기대할 수 있다.

이처럼 완전히 우연에 좌우되는 복권일지라도 당신은 평균으로 기댓값 액수만큼의 당첨금을 받을 수 있으리라고 기대할 수 있다. 당첨금과 당첨 건수를 알면 앞서 했던 것처럼 기댓값을 계산할 수 있다. 그리고 기댓값(이 예에서는 520원)과 한 장당 발매 금액(1,000원)을 비교하면 당신이 이득을 볼 수 있을지 없을지 판단할 수 있다. 지금 예시에서는 1,000원을 주고 복권을 사도 평균 520원밖에 당첨되지 않는다. 물론 운이 좋다면 1등에 당첨되어 큰돈을 벌겠지만, 평균으로 따지면 손해를 보는 것이다.

실제로 일본에서는 복권의 기댓값이 발매 금액의 50% 미만이어야 한다는 조항이 법률로 정해져 있다.[7] 즉, 평균으로 말하면 복권에 쓴 돈의 반 이상은 돌아오지 않는다는 이야기다. 그러니 복권을 사는 것이 판돈을 걸기에 좋은 방법이라고는 도저히 말할 수 없다. 단지 모든 일은 생각하기 나름이어서, 꿈을 사는 것이라고 말하는 사람도 있을 테고 복권 판매액의 일부가 지역 사회를 위해 사용되니 괜찮다는 사람도 있을 것이다. 그렇다 해도 평균으로 보면 이득이 남지 않는 게임이라는 사실만은 머릿속에 담아두자.

1   전하는 모든 전기 현상의 근원이 되는 실체이며, 양전하와 음전하의 분포에 따라 여러 가지 전기 현상이 일어난다. 같은 부호의 전하 사이에는 미는 힘이, 다른 부호의 전하 사이에는 끌어당기는 힘이 작용한다. 한 점에 전하가 집중된 것을 '점전하'라고 하며, 이것이 이동하는 현상이 전류다.

2   레이저 발진 장치에 넣어 주는 특별한 재료를 레이저 매질이라고 한다. 매질로는 고체, 액체, 기체, 반도체, 자유 전자 등을 사용할 수 있으며, 현재 서른 가지가 넘는 매질이 존재한다.

3   LASER란, 'light amplification by the stimulated emission of radiation'의 머리글자를 딴 것으로, '유도 방출에 의한 광 증폭'을 의미한다. 유도 방출이란 외부에서 들어오는 빛(광자)의 부추김에 의해 원자가 빛(광자)을 만들어 내는 것을 말한다. 즉, 외부에서 넣어 준 약한 빛이 공진기 안에서 매질과 만나 유도 방출을 일으켜 증폭됨으로써 강력한 레이저 광선이 되는 것이다.

4   기계적인 가공으로는 만들 수 없는 두께 0.001mm 이하의 얇은 막을 통틀어 이르는 말. 재료에 따라 금속 박막, 반도체 박막, 절연체 박막 등이 있다. 광학용이나 전자 부품으로 쓴다.

5   노벨상은 인류를 이롭게 하는 데 공헌한 사람이나 단체에 주는 상이다. 청색 LED는 오늘날 다양한 곳에 활용되고 있는데, 특히 1997년에 청색 LED와 노란색 형광 물질을 이용해 백색 LED를 개발함으로써 LED가 형광등이나 백열등 같은 기존의 전등을 대신하게 되었다. LED 전등은 기존 전등보다 훨씬 오래 쓸 수 있어서 쓰레기를 덜 배출하므로 환경 오염을 줄이는 데 도움이 된다. 또 기존 전등보다 효율이 월등히 높아 적은 에너지로도 밝은 빛을 내므로 전력이 귀한 개발 도상국에서도 전보다 쉽게 전등을 사용할 수 있게 되었다. 한편 청색 LED를 이용해 높은 에너지를 가진 자외선 LED를 만들어 냈는데, 이것으로 물을 살균할 수 있다. 이 역시 깨끗한 물이 귀한 곳에 큰 도움이 될 것이다. 이 밖에도 청색 LED의 활용도는 무궁무진하다. 이것이 바로 청색 LED를 개발한 사람들에게 노벨상을 준 이유다.

6   전기적, 기계적인 이유로 시스템에서 발생하는 불필요한 신호. 흔히 '잡음'이라고도 한다. 데이터를 전송할 때는 노이즈로 인해 데이터가 달라지는 것을 막기 위해 전송하는 문자마다 미리 정해진 방법으로 검색을 한다.

7   일본과 달리 우리나라의 복권 및 복권 기금법에서는 "복권 사업자는 복권을 발행할 때 복권 당첨자 전원에게 지급하는 당첨금을 합친 금액이 해당 회차에 발행되는 복권 액면 가액 총액의 100분의 50 이상이 되도록 하여야 한다."라고 정하고 있다.

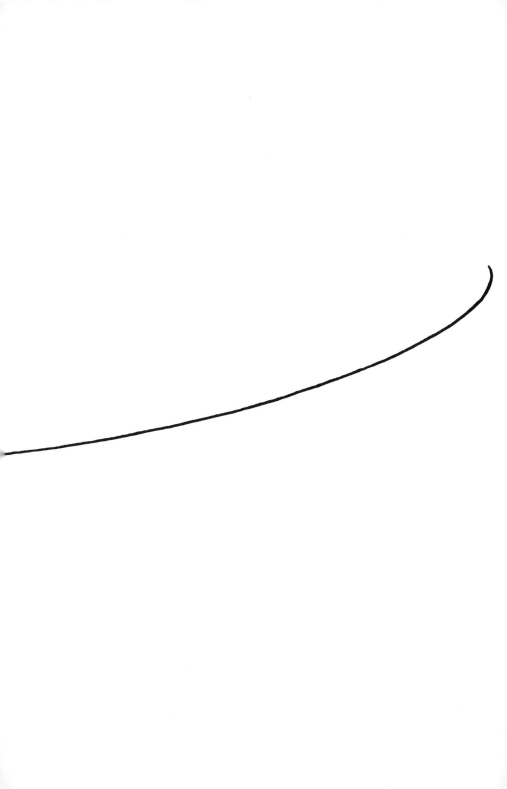

화학

화학이라고 하면 실험실에서 하얀 가운을 입고 비커나 실린더, 현미경 등을 들여다보는 과학자의 이미지를 떠올리기 쉽다. 그러나 화학 반응은 실험실에서만 일어나는 것이 아니다. 우리 몸속에서도 날마다 영양분을 에너지로 만드는 화학 반응이 일어나고 있으며, 모든 동식물이 조직 내 화학 반응을 통해 생명을 유지한다. 또 가정에서 사용하는 각종 세제부터 스마트폰과 같은 첨단 기기에도 화학이 이용된다. 이 외에도 화학은 활용 범위가 매우 넓어 오늘날 거의 모든 과학 기술 분야에 두루 쓰이며 우리 생활을 편리하게 하고 있다.

원소·동위 원소·화합물

【 Element·Isotope·Compound 】

세상에는 이루 다 셀 수 없을 만큼 많은 물질이 존재한다.
하지만 태곳적부터 사람들은 이 많은 물질이 모두
단 몇 종의 기본적인 원소로 이루어져 있다고 생각해 왔다.

물질관의 역사

고대 그리스의 철학자 엠페도클레스는 만물이 흙, 물, 공기, 불 이렇게 네 가지 원소의
조합으로 이루어졌다고 역설했다. 머릿속에서만 세워진 가설이었지만 아리스토텔레스
가 이를 계승해 널리 퍼뜨리면서 2,000년 이상이나 사실로 여겨졌다. 그러나 17세기에
영국의 화학자 로버트 보일이 제대로 실험을 해서 물질의 정체를 밝혀내자고 제창했고,
이에 산소와 수소 등의 원소가 잇따라 발견되었다. 그리하여 20세기 초반까지, 현재와
거의 같은 원소 개념이 확립되었다.

원자의 종류

원자는 중심에 있는 원자핵과 바깥쪽
에 퍼진 전자로 이루어져 있다(→ p.39). 원
자의 특성은 원자핵 속에 있는 양성자의
개수에 따라 달라진다. 중성 상태의 원자
는 양성자의 개수와 전자의 개수가 같으
므로 원자가 가지고 있는 양성자 또는 전
자의 개수에 따라 원자의 종류를 나눌 수
있다. 바로 그 종류를 '원소'라고 한다. 예
를 들어 원자핵 속에 양성자가 한 개인 원
자는 원자 번호가 1번이고, '수소'라는 원
소로 분류한다.

지금까지 발견하거나 만들어 낸 원소
의 종류는 100개가 넘는다.

원소의 종류

수소
'수소'는 원자핵 속에 양성
자가 한 개 있어서 원자 번
호가 1번이다.

탄소
양성자가 여섯 개인 원자
는 원자 번호 6번 '탄소'로
분류한다.

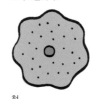

철
양성자가 스물여섯 개인 원
자는 원자 번호 26번 '철'로
분류한다.

우라늄
양성자가 아흔두 개인 원
자는 원자 번호 92번 '우
라늄'으로 분류한다.

원소 중에는 전자나 양성자의 개수는 같고 중성자(→ p.40)의 개수만 다른 것들이 있다. 이러한 원자는 같은 원소로 분류되지만, 원자의 질량이 다르다. 이처럼 같은 원소로 분류되는 원자 중에 중성자의 개수만 다른 것을 '동위 원소'라고 한다. 동위 원소를 구별해서 표시하려면 양성자의 개수와 중성자의 개수를 더한 수를 사용한다. 이것을 '질량수'라고 하고, 원소의 이름 뒤에 붙인다. 예를 들면 '탄소 12', '우라늄 238'처럼 쓴다.

같은 원소로 분류되는 동위 원소는 화학 반응을 일으키는 양상이나 우리 몸속에서 작용하는 방식 등 기본 성질이 거의 같다. 그러나 동위 원소 중에는 방사능(→ p.49)을 띠지 않는 '안정 동위 원소'와 머지않아 방사선을 내뿜고 붕괴(→ p.48)하는 '불안정 동위 원소'가 있다.

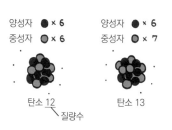

탄소 12
질량수

탄소 13

탄소 14
(불안정 동위 원소)

동위 원소

탄소에는 세 종류의 동위 원소가 있다. 이 중 탄소 14는 불안정해서 방사선을 내뿜고 붕괴해서 질소가 된다. 반감기(→ p.49)는 약 5,700년이다.

홑원소 물질과 화합물

다이아몬드는 탄소 원자만으로 이루어져 있다. 이처럼 한 종류의 원소만으로 이루어진 물질을 '홑원소 물질'이라고 한다.

홑원소 물질

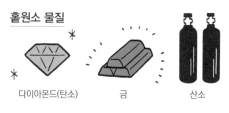

다이아몬드(탄소)   금   산소

화합물

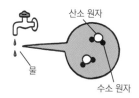

산소 원자

물

수소 원자

혼합물

맥주

두 종류 이상의 물질이 섞여 있다.

물은 어떨까? 수소 원자 두 개와 산소 원자 한 개가 결합해 물 분자를 만든다. 물 분자처럼 두 가지 이상의 원소가 화학 반응을 통해 결합한 순수한 물질을 '화합물'이라고 한다.

순수한 물은 오로지 물 분자만으로 이루어져 있다. 만약 여기에 다른 것이 섞여 있으면 화합물이라고 부르지 않는다. 예를 들어 술은 물과 알코올 등이 섞여 있으며, 술을 가열하면 알코올이 물보다 먼저 증발하는 성질을 이용해 물과 알코올을 분리할 수 있다. 이처럼 두 종류 이상의 화합물이 섞인 것은 '혼합물'이라고 한다.

주기율표

【Periodic table】

100가지가 넘는 원소들이 저마다 어떤 특징을 지녔는지
일일이 기억하기란 쉬운 일이 아니다. 하지만 일정한 규칙에 따라
원소들을 배열해 보면 각 원소의 특징을 쉽게 파악할 수 있다.

원소를 나열해 보다

원자의 종류, 다시 말해 원소를 결정하는 것은 그 원자가 가진 양성자(또는 전자)의 개수다(→ p.100). 따라서 양성자의 개수를 '원자 번호'로 정하고, 원자 번호 순서대로 원소를 나열하면 원소 목록을 작성할 수 있다. 이때 원소 이름을 일일이 쓰기보다는 간단하게 알파벳 한 글자 또는 두 글자로 된 '원소 기호'를 쓰면 편리하다.

19세기에 러시아의 화학자 드미트리 멘델레예프는 원소들을 원자량 순으로 나열해 보다가 문득 어떤 규칙이 있음을 알아차렸다. 여덟 개 간격으로 비슷한 성질을 가진 원

원소 이름	원소 기호	원자 번호
수소	H	1
헬륨	He	2
리튬	Li	3
베릴륨	Be	4
붕소	B	5
탄소	C	6
질소	N	7
⋮	⋮	⋮

소가 나열된 것이다. 그래서 멘델레예프는 원소를 여덟 개 주기로 구분해 배열함으로써 비슷한 성질의 원소들이 세로로 같은 줄에 나열되게 만들었다. 이것이 원소가 주기적으로 배열된 표, 바로 '주기율표'다.

그런데 멘델레예프의 주기율표에서는 몇 가지 원소들이 규칙에 맞지 않았다. 1913년, 영국의 물리학자 헨리 모즐리는 원자량 대신 양성자 수(원자 번호)에 따라 원소를 다시 배열해 보았다. 그랬더니 완벽하게 모든 규칙이 맞아떨어졌다. 현재 우리가 사용하고 있는 주기율표는 멘델레예프의 아이디어를 모즐리가 개량한 것이다.

주기율표

족\주기	1	2	3	4	5	6	7	8	9	10	11	12	13	14	15	16	17	18
1	1 H																	2 He
2	3 Li	4 Be											5 B	6 C	7 N	8 O	9 F	10 Ne
3	11 Na	12 Mg											13 Al	14 Si	15 P	16 S	17 Cl	18 Ar
4	19 K	20 Ca	21 Sc	22 Ti	23 V	24 Cr	25 Mn	26 Fe	27 Co	28 Ni	29 Cu	30 Zn	31 Ga	32 Ge	33 As	34 Se	35 Br	36 Kr
5	37 Rb	38 Sr	39 Y	40 Zr	41 Nb	42 Mo	43 Tc	44 Ru	45 Rh	46 Pd	47 Ag	48 Cd	49 In	50 Sn	51 Sb	52 Te	53 I	54 Xe
6	55 Cs	56 Ba	57~71 란타넘족	72 Hf	73 Ta	74 W	75 Re	76 Os	77 Ir	78 Pt	79 Au	80 Hg	81 Tl	82 Pb	83 Bi	84 Po	85 At	86 Rn
7	87 Fr	88 Ra	89~103 악티늄족	104 Rf	105 Db	106 Sg	107 Bh	108 Hs	109 Mt	110 Ds	111 Rg	112 Cn	113 Nh	114 Fl	115 Mc	116 Lv	117 Ts	118 Og

(원자 번호 / 원소 기호)

57~71 란타넘족	57 La	58 Ce	59 Pr	60 Nd	61 Pm	62 Sm	63 Eu	64 Gd	65 Tb	66 Dy	67 Ho	68 Er	69 Tm	70 Yb	71 Lu
89~103 악티늄족	89 Ac	90 Th	91 Pa	92 U	93 Np	94 Pu	95 Am	96 Cm	97 Bk	98 Cf	99 Es	100 Fm	101 Md	102 No	103 Lr

세로줄을 '족', 가로줄을 '주기'라고 한다. 2주기와 3주기를 보면 멘델레예프가 처음에 생각했던 대로 원소 여덟 개마다 주기가 되풀이된다. 란타넘족 원소와 악티늄족 원소는 본래는 3족과 4족 사이에 들어가지만, 그렇게 하면 표가 가로로 지나치게 길어지므로 대개 따로 빼서 배열한다.

주기율표에서 정보 읽기

주기율표를 보면 각 원소에 대한 여러 가지 정보를 읽어 낼 수 있다. 우선 멘델레예프가 생각한 대로 세로줄에는 성질이 비슷한 원소들이 배열되어 있다. 그리고 원자 번호가 클수록 원자 한 개의 질량이 크므로 주기율표의 위쪽일수록 가벼운 원소, 아래쪽일수록 무거운 원소임을 알 수 있다. 또……

- 오른쪽 위편일수록 질소(N)나 산소(O) 등 상온에서 기체인 원소가 모여 있다.
- 가운데를 기준으로 왼쪽으로는 마그네슘(Mg)이나 철(Fe) 등 금속 원소가 배열되어 있다.
- 자연계에 존재하는 원소는 92번 우라늄(U)까지다. 단, 이 중에서 43번 테크네튬(Tc)과 61번 프로메튬(Pm)은 예외다. 가장 아래쪽은 인공적으로 합성된 원소들뿐이다. 이러한 원소들은 입자 가속기에서 두 종류의 가벼운 원소를 충돌시켜 만든다.

또 11족에는 구리(Cu), 은(Ag), 금(Au) 이렇게 메달에 사용되는 금속이 세로로 배열되어 있다. 주기율표를 자세히 보면 이 외에도 또 다른 정보를 읽어낼 수 있을 것이다.

산·염기·중화

【Acid·Alkali·Neutralization】

물에 녹으면 신맛이나 쓴맛을 내는 물질이 있다.
그 맛은 제각기 특별한 이온 때문에 생긴다.
이들 이온에는 특정한 맛 외에 또 어떤 성질이 있을까?

산

식초는 왜 신맛이 날까? 식초는 아세트산이라는 화합물(→ p.101)을 물에 녹인 것이다.
물속에서 아세트산 분자는 양전하(→ p.68)를 띠는 수소 이온(→ p.39)과 음전하를 띠는 아
세트산 이온으로 분리된다. 이렇게 물에 녹으면 수소 이온이 나오는 물질을 '산'이라고
한다. 식초에서 신맛이 나는 이유는 바로 수소 이온 때문이다. 산은 금속을 부식시키는
성질이 있는데, 이 역시 수소 이온 때문이다.[1]

참고로 수소 원자와 수소 이온은 성질이 전혀 다르다. 전하를 띠지 않는 수소 원자는
주로 자연 상태에서 두 개씩 짝을 지어 수소 기체로 존재한다. 반면 수소 이온은 주로 물
속에서만 존재한다.

산을 물에 녹이면

아세트산 분자

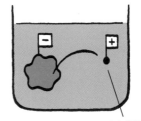

수소 이온

산은 수소와 밀접한 관련이 있고, 산소와는 직접적인 관계가 없다. 산소를 물에 녹인다
고 산이 되지는 않는다. 그런데 산소는 어쩌다가 산을 떠올리게 하는 이름을 얻었을까?
산소가 아직 이름을 얻지 못하고 '새로운 공기' 정도로 불리던 18세기, 프랑스의 화학자

앙투안 라부아지에가 이 새로운 기체 속에서는 연소 생성물 대부분이 산의 성질을 갖는 다는 사실을 알아냈다. 그래서 그리스어로 '신맛이 있다'는 뜻의 'oxys'와 '생성된다'는 뜻의 'gennao'를 합친 'oxygen(산소)'이라는 이름을 새로운 기체에 붙여 주었다.

염기

탄산수소나트륨(탄산수소소듐)[2]을 물에 녹이면 음전하를 띠는 수산화 이온이 나온다. 이 처럼 물에 녹으면 수산화 이온이 나오는 물질을 '염기' 또는 '알칼리'라고 한다. 'alkali'는 아라비아어로 '재'라는 뜻이다. 식물을 태운 재를 물에 녹이면 알칼리성(염기성)이 되는 데 서 붙은 이름이다. 염기는 대체로 쓴맛이 나고, 단백질 등의 유기물을 분해한다.[3]

염기를 물에 녹이면

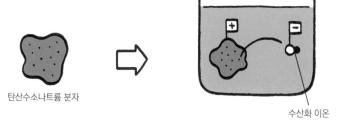

탄산수소나트륨 분자

수산화 이온

중화

산 수용액과 염기 수용액을 섞으면 수소 이 온과 수산화 이온이 짝을 지어 물 분자가 되고, 산과 염기의 성질은 사라진다. 이것을 '중화'라 고 한다.

그런데 섞은 용액 속에 수소 이온이 수산화 이온보다 많으면 수소 이온이 남으므로 용액 에 산의 성질이 남는다. 반대로 수산화 이온이 많으면 수산화 이온이 남아 염기의 성질이 남 는다. 용액을 완전히 중화하려면 산과 염기의 양을 잘 조절해서 수소 이온과 수산화 이온의 개수를 똑같이 맞춰야 한다.

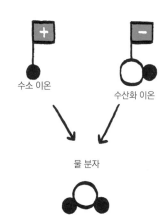

수소 이온

수산화 이온

물 분자

화학 결합

【Chemical bond】

Physics — Electricity — Chemistry — Biology — Geography — Cosmology

원자들은 혼자 있기 싫어해서 대개 다른 원자와 짝을 지어 분자 상태로 존재한다.
이러한 원자들 간의 결합을 '화학 결합'이라고 한다.
화학 결합이 일어날 때, 실제로는 어떤 일이 벌어질까?

원자를 안정시키는 전자의 개수

원자는 종류(원소)별로 정해진 개수의 전자를 가지고 있다(→ p.100). 그러나 원자는 특정한 개수의 전자를 가지지 않으면 불안정해서 어떻게 해서든 전자의 개수를 안정하게 맞추려고 한다. 이때 원자 혼자서는 전자의 개수를 바꾸기가 어려우므로 다른 원자와 결합하는 방식을 택한다. 이처럼 원자들이 결합하는 데는 몇 가지 방식이 있다.

공유 결합

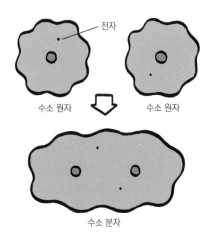

전자

수소 원자   수소 원자

수소 분자

전자가 한 개인 수소 원자는 전자를 두 개 가지면 안정해진다. 따라서 전자를 두 개 가지기 위해서 다른 수소 원자와 전자를 한 개씩 공유한다. 전자를 공유해 두 개를 갖게 된 수소 원자들은 안정적인 수소 분자 상태를 계속 유지하고 싶어 하므로 웬만해서는 떨어지지 않는다.

이러한 화학 결합을 전자를 공유한다는 뜻에서 '공유 결합'이라고 부른다.

이온 결합

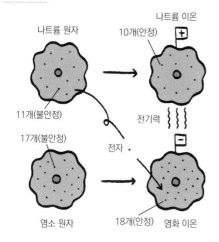

나트륨 이온

나트륨 원자
10개(안정)
11개(불안정)
전기력
17개(불안정)
전자
염소 원자
18개(안정) 염화 이온

전자를 열한 개 가진 나트륨 원자는 전자 한 개를 내보내고 열 개만 가진다. 그러면 원자에서 전자가 한 개 줄어들어 나트륨 원자는 양이온(→ p.39)인 나트륨 이온이 된다.
전자를 열일곱 개 가진 염소 원자는 나트륨에서 방출된 전자 한 개를 받아 전자 열여덟 개를 가진다. 그러면 원자에 전자가 한 개 많아지므로 염소 원자는 음이온인 염화 이온이 된다.
이렇게 해서 만들어진 나트륨 이온(+)과 염화 이온(-)이 서로 끌어당겨 단단히 결합한다.

이러한 화학 결합을 '이온 결합'이라고 한다. 나트륨 이온과 염화 이온이 이온 결합을 하면 염화나트륨, 즉 소금이 된다.

금속 결합

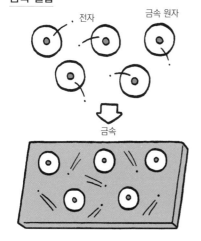

전자   금속 원자

금속

금이나 철, 구리, 알루미늄과 같은 금속은 원자 한 개만 보면 전자 개수가 많아서 불안정하다. 하지만 같은 금속 원자가 많이 모이면 원자들이 필요 없는 전자를 모두 내놓고 안정적인 금속 양이온이 된다. 이때 원자에서 나온 수많은 전자는 자유 전자가 되어 금속 양이온 주변을 돌아다닌다. 이렇게 만들어진 금속 양이온과 자유 전자들이 서로 끌어당기는 덕분에 금속 원자들이 단단히 결합한다.

이처럼 금속 양이온과 자유 전자 사이의 결합을 '금속 결합'이라고 한다.

공유 결합, 이온 결합, 금속 결합이 일어나는 방식은 조금씩 다르지만 모두 전자로 인해 이루어진다는 공통점이 있다.

화학 반응·산화·환원

【Chemical reaction·Oxidation·Reduction】

서로 다른 물질들을 섞으면 다양한 반응이 일어나 새로운 물질이 생긴다.
그러나 이때 달라지는 것은 원자 간의 화학 결합 방식일 뿐,
새로운 원자가 생기거나 원자의 종류 자체가 바뀌는 것은 아니다.

물질이 반응한다는 것

수소 가스와 산소 가스를 섞어 불을 붙이면 폭발이 일어나 물이 생긴다. 이때 분자 수준에서는 무슨 일이 일어나고 있을까?

수소와 산소의 반응

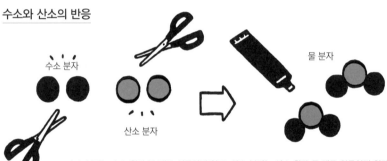

수소 분자는 수소 원자 두 개로 이루어져 있고, 산소 분자는 산소 원자 두 개로 이루어져 있다. 이들이 반응하면 각각의 화학 결합(→ p.106)이 끊어져 원자의 조합이 바뀌고, 새로운 화학 결합이 이루어진다. 이렇게 해서 물 분자가 생성된다.

이처럼 화학 결합이 끊어지거나 결합하면서 새로운 분자가 생성되는 일이 바로 '화학 반응'이다. 이때 원자의 종류 자체가 바뀌는 일은 절대로 없다.

참고로 설탕이 물에 녹는 것은 화학 반응이 아니다. 설탕은 물에 녹여도 화학 결합에 변화가 생기지 않는다. 다시 말해, 설탕 분자의 구조가 달라지지 않는다. 이 경우는 단순히 설탕 입자가 물에 녹아(이를 '용해'라 한다) 설탕 분자와 물 분자들이 뒤섞인 것으로, 화학 반응이 아니라 '혼합'이다.

분자들의 화학 결합이 달라지는 화학 반응은 실험실에서만 일어나는 것이 아니라, 우리 주변 여기저기에서 일상적으로 일어나고 있다.

여러 가지 화학 반응

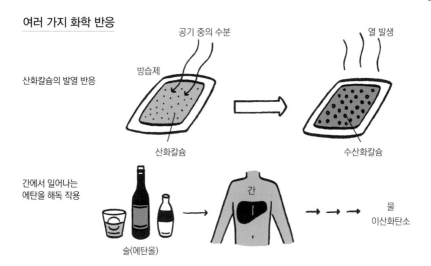

산화칼슘의 발열 반응

공기 중의 수분

방습제

열 발생

산화칼슘

수산화칼슘

간에서 일어나는
에탄올 해독 작용

간

술(에탄올)

물
이산화탄소

산화와 환원

화학 반응에는 여러 종류가 있는데, 주변에서 쉽게 볼 수 있는 대표적인 현상이 산화와 환원이다.

두 종류의 분자 사이에서 산소 원자를 주고받는 일을 '산화 환원 반응'이라고 한다. 이때 산소 원자를 받은 분자는 '산화되었다', 산소 원자를 잃은 분자는 '환원되었다'라고 표현한다. 오른쪽 예시에서는 유기물이 산화되고 표백제가 환원되었다.

산화 반응은 급격하게 일어나기도 하고 천천히 진행되기도 한다. 철을 공기 중에 가만히 두면 철이 산소와 결합해 산화철이 된다. 이것이 바로 '녹'이다. 녹이 스는 현상을 '부식'이라고 하는데, 부식은 서서히 진행되는 산화 반응이다.

숯이 탈 때는 숯의 주성분인 탄소가 공기 중의 산소와 결합해 이산화탄소가 된다. 이때 탄소가 가지고 있던 화학 에너지가 급격하게 빛과 열에너지로 바뀌면서 불꽃이 튀고 온도가 치솟는다. 이렇게 물질이 빛과 열을 내며 타는 것을 '연소'라고 하며, 연소는 빠르게 진행되는 산화 반응이다.

산화 환원 반응

산소 원자

유기물

산화

표백제 환원

지저분해진 식기를 표백제에 담그면 음식물 찌꺼기(유기물)가 분해되어 말끔해진다. 왜 그럴까?
표백제(차아염소산나트륨)의 분자가 유기물의 분자에 산소 원자를 내준다. 그러면 산소 원자를 받은 유기물의 분자는 이리저리 흩어져 식기에서 떨어져 나간다.

고체·액체·기체

【 Solid·Liquid·Gas 】

같은 물질이라도 온도나 기압이 달라지면 상태가 바뀐다.
왜일까? 분자 수준에서 살펴보면 쉽게 이해할 수 있다.

환경에 따라 달라지는 분자의 운동 상태

얼음과 물과 수증기는 모두 같은 물 분자로 이루어
져 있지만 겉보기에는 아주 다르다. 이 차이를 만드는
것은 다름 아닌 물 분자의 운동 상태(→ p.45)다.

얼음 안에서 물 분자는 질서 정연하게 늘어선 상태로 거의 움직이지 않는
다. 그래서 얼음은 딱딱하다. 물속에서 물 분자는 적당히 움직이며 돌아다
닌다. 그래서 물은 흐른다. 수증기 속에서 물 분자는 마음껏 날아다닌다. 그
래서 수증기는 날아가 버린다.

압력에 따른 차이

물질이 고체, 액체, 기체 중 어느 상태가 되느냐는
온도만으로 결정되지 않는다. 온도와 압력이 함께 영
향을 미친다.

물 분자의 운동 상태

얼음(고체)

거의 운동하지 않는다.

물(액체)

적당히 운동한다.

수증기(기체)

활발하게 운동한다.

압력솥 내부는 압력이 높아서 온도가 120℃에 달해
도 물이 끓지 않는다. 식품을 고온으로 찔 수 있는
이유가 이 때문이다.

에베레스트산 정상은 기압이 평지의 절반 이하로 낮아서 약
70℃에서 물이 끓기 시작한다. 만약 산기슭에서 80℃로 보
온한 물을 가지고 산을 오르면 정상에서 열을 가하지 않아도
끓을 것이다.

물질의 상태 변화

물질의 상태가 고체, 액체, 기체 사이에서 변화하는 것을 '상태 변화' 또는 '상변화'라고 부른다. 각각의 상태 변화에는 저마다 다른 이름이 붙는다.

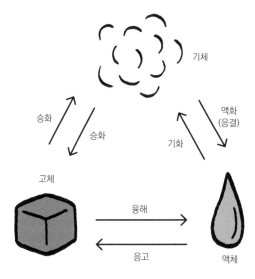

고체인 드라이아이스는 액체로 변하는 일 없이 곧바로 기체인 이산화탄소가 된다. 이처럼 고체가 기체로, 또는 기체가 고체로 변하는 현상을 '승화'라고 한다. 고체에 열을 가했을 때 융해가 일어날지 승화가 일어날지는 압력에 따라 결정된다. 화성처럼 기압이 낮은 곳에서는 얼음도 곧장 수증기가 된다.

그 밖의 상태

물질이 특별한 조건에 놓이면 고체, 액체, 기체 외에 다른 상태가 되기도 한다. 예를 들어 물을 200기압 이상에서 370℃ 이상까지 가열하면 액체와 기체의 중간 상태가 된다. 이를 '초임계 유체'라고 부르는데, 이런 상태에서는 다른 물체를 잘 녹이므로 주로 공업용으로 사용한다.

또 수소와 같은 기체를 1만 ℃가 훨씬 넘는 초고온으로 가열하면 원자(→ p.38)가 원자핵과 전자로 나뉘어 '플라스마'라는 상태가 된다. 플라스마는 자유롭게 움직이는 전자들 덕분에 전기 전도성이 매우 높고, 전기장과 자기장에 대하여 큰 반응성을 갖는다. 이러한 플라스마는 핵융합(→ p.53)을 실현하는 데 꼭 필요하다.

숨은열

【Latent heat】

고체, 액체, 기체 사이에서 상태 변화가 일어나는 도중에는
온도가 변하지 않고 열이 드나든다.
이 현상은 우리의 일상생활에도 크게 관여한다.

상태 변화와 열

얼음이 녹을 때

-30℃의 얼음에 열을 가하면 서서히 온도가 올라간
다. 그러나 0℃가 되어 얼음이 녹기 시작하면 열을
계속 가해도 온도는 오르지 않는다. 얼음이 완전히
녹아 물이 될 때까지는 아무리 열을 가해도 온도는
여전히 0℃다.

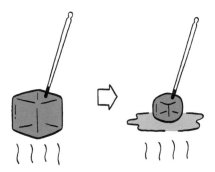

이런 현상이 나타나는 이유는 얼음에 가한 열이 고체를 액체로 바꾸는 데 모조리 사용
되기 때문이다. 이처럼 고체가 액체로 융해(→ p.111)하는 데 필요한 열을 '융해열'이라고
한다.

물이 끓을 때

마찬가지로 물이 끓기 시작하면 열을 계
속 가해도 온도는 100℃에서 더 오르지
않는다. 액체를 기체로 바꾸는 데에도 열
이 필요하기 때문이다. 이 열을 '기화열'
이라고 한다.

융해열이나 기화열은 온도 변화를 일으키지 않고 조용히 드나든다. 그래서 이 열들을
'숨은열'이라고 한다. '숨어 있는 열'이라는 뜻이다.
물이 끓을 때만이 아니라 상온에서 물이 서서히 증발할 때도 기화열이 필요하다. 가령

땀을 흘린 후에 닦지 않으면 조금 뒤에 추위를 느끼게 된다. 이는 땀이 증발하면서 증발에 필요한 기화열을 몸에서 빼앗기 때문이다.

기체에서 액체로, 액체에서 고체로

수증기가 물로 액화(응결)하기 시작할 때도 완전히 물이 될 때까지 온도는 100℃에서 변하지 않는다. 이때는 수증기가 가지고 있던 숨은열이 필요 없어져서 밖으로 빠져나온다. 이것을 '액화열(응결열)'이라고 한다.

마찬가지로 물이 식어 얼기 시작하면 완전히 얼 때까지 온도는 0℃에서 변하지 않는다. 이때도 물이 가지고 있던 숨은열이 밖으로 빠져나온다. 이것을 '응고열'이라고 한다.

냉각의 원리

에어컨이나 냉장고는 숨은열을 이용해서 실내 혹은 냉장고 안의 온도를 낮춘다.

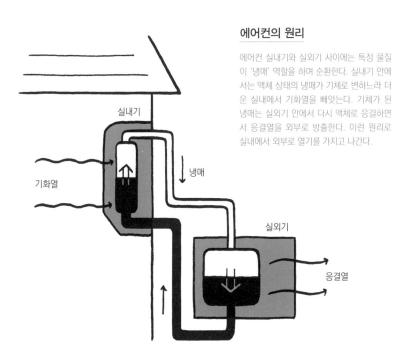

에어컨의 원리

에어컨 실내기와 실외기 사이에는 특정 물질이 '냉매' 역할을 하며 순환한다. 실내기 안에서는 액체 상태의 냉매가 기체로 변하느라 더운 실내에서 기화열을 빼앗는다. 기체가 된 냉매는 실외기 안에서 다시 액체로 응결하면서 응결열을 외부로 방출한다. 이런 원리로 실내에서 외부로 열기를 가지고 나간다.

칼로리

【Calorie】

음식을 먹을 때면 아무래도 '칼로리'가 자꾸 신경 쓰인다.
칼로리가 높으면 몸속에 지방이 쌓인다는 이미지가 있기 때문이다.
그런데 이 단어, 원래는 물리와 화학에서 에너지의 양을 나타내는 단위다.

Physics — Electricity — Chemistry — Biology — Geography — Cosmology

열에너지의 단위

물리학에서 자주 사용하는 에너지의 단위는 '줄(J)'이다(→ p.27). 그러나 일상에서 1J이라고 하면 어느 정도의 에너지인지 쉽게 감이 오지 않는다. 하지만 '칼로리(cal)'라는 단위는 이보다 익숙하다.

칼로리는 열량을 나타내는 단위로, 1cal는 1mL의 물을 1℃ 데우는 데 필요한 열에너지를 말한다. 참고로 1cal=약 4.2J이다.

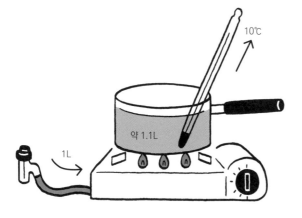

10℃

약 1.1L

1L

우리 주변 열에너지의 양

가스버너에서 도시가스를 1L 연소시키면 약 1만 1,000cal의 열에너지가 발생한다. 이를 온전히 물을 데우는 데만 쓴다면 약 1.1L(=1,100mL)의 물을 10℃ 데울 수 있다. 하지만 실제 가스버너에서는 제법 많은 열에너지가 일하지 않고 달아나기 때문에 온도가 이만큼까지 오르지는 않는다.

칼로리를 단위로 사용하다 보면 대개 값이 커져서 수치를 단숨에 확인하기가 어렵다. 그럴 때는 칼로리 값을 1,000으로 나누어 '킬로칼로리(kcal)'라는 단위를 붙인다. 예를 들어 12만 5,000cal=125kcal. 보기에 훨씬 간단하다.

영양의 단위

에너지와 영양은 어떤 관계일까? 우리 몸은 식품에서 섭취한 영양분을 세포 속에서 분해하여 에너지를 얻고 필요한 물질을 합성하기도 한다. 그리고 필요 없는 물질은 몸 밖으로 내보낸다. 이러한 활동을 '물질대사'라고 한다. 영양이 풍부한 식품을 섭취하면 물질대사를 통해 많은 에너지를 만들어 낼 수 있다. 그래서 어떤 식품에 영양분이 얼마나 들어 있는지 나타낼 때 그 식품을 섭취해서 물질대사로 만들어 낼 수 있는 에너지의 양을 표시하는 것이다. 바로 그 단위로 킬로칼로리를 사용한다.

식품에 들어 있는 에너지

쌀밥 100g을 먹으면 물질대사로 약 170kcal의 에너지가 발생한다. 당근 100g으로는 약 40kcal, 소고기 100g으로는 약 100~300kcal의 에너지를 만들어 낼 수 있다.

170kcal

40kcal

100~300kcal

요즘 '제로 칼로리'를 표방하는 식품들이 많다. 하지만 제로 칼로리라고 해서 식품에 에너지원이 전혀 없다는 뜻이 아니다. 사람이 물질대사에 쓸 수 있는 영양분이 거의 들어 있지 않다는 뜻일 뿐, 식품 자체는 에너지원을 가지고 있다. 그래서 제로 칼로리 감미료나 젤리 등에 불을 붙이면 타면서 열에너지가 발생한다.

최근에는 '마이너스 칼로리'라는 말까지 등장했다. 식품이 가진 열량보다 소화에 쓰이는 열량이 많은 음식을 마이너스 칼로리 식품이라고 부르며, 먹을수록 살이 빠진다고 알려져 있다. 이런 식품들은 열량이 비교적 낮고 포만감이 크며 식이섬유가 풍부해 다이어트에 도움이 되기는 한다. 하지만 실제로는 어떤 음식이든지 소화에 쓰이는 열량은 그다지 많지 않아서 먹을수록 살이 빠지는 음식은 존재하지 않는다.

Physics | Electricity | Chemistry | Biology | Geography | Cosmology

촉매

【Catalyst】

화학 반응 중에는 극히 느리게 일어나는 것들이 있다.
그런 화학 반응을 더욱 빠르게 일으켜 생활과 산업에 보탬이 되게 할 수는 없을까?

화학 반응을 촉진하다

다이너마이트가 폭발하는 현상은 대량의 물질이 짧은 시간에 반응을 마치는 빠른 화학 반응(→ p.109)이다. 화약 속 나이트로글리세린이 순식간에 반응해서 급격하게 열이 발생해 격렬한 충격이 일어나는 것이다.

반대로 철이 녹스는 현상(→ p.109)은 오랜 시간에 걸쳐 아주 천천히 진행되는 화학 반응이다. 이 과정에서도 열이 발생하지만 반응 속도가 너무나 느려서 온도는 거의 오르지 않는다.

화학 반응 속도

빠르다

느리다

하지만 철 가루와 소금을 섞어서 공기 중에 노출하면 철이 녹스는 속도가 훨씬 빨라지고, 짧은 시간에 열이 발생해서 온도가 오른다. 이 때 소금은 전혀 변하지 않는다. 단지 소금이 같이 있는 것만으로 철과 산소의 반응이 빨라지는 것이다. 이처럼 자신은 변하지 않으면서 화학 반응의 속도를 높이는 물질을 '촉매'라고 한다. 접촉해서 화학 반응을 매개한다는 뜻이다.

일회용 손난로는 바로 이 원리를 이용해 만든다. 손난로 안에는 철 가루와 함께 소금이 들어

촉매의 작용

철 가루   소금

있다. 손난로의 비닐 포장을 벗기고 흔들어 주면 소금 덕분에 철 가루가 공기 중의 산소와 빠르게 반응해 열이 나는 것이다.

촉매의 예

화학 반응을 도와주는 촉매는 반응시킬 재료에 따라 제각기 다르다. 학교에서 과학 수업 시간에 과산화수소와 이산화망가니즈를 반응시켜 산소를 발생시키는 실험을 해 보았을 것이다. 이 실험에서는 과산화수소가 물과 산소로 분해되는 화학 반응에 이산화망가니즈가 촉매 작용을 해서 반응 속도를 높인다. 반응 후에도 이산화망가니즈는 변하지 않고 그대로 남아 있다. 하지만 이산화망가니즈가 없으면 이 반응은 매우 천천히 진행된다.

한편 과산화수소에 묽은 인산을 넣으면 반응 속도가 오히려 느려진다. 이 역시 촉매 작용이다. 이산화망가니즈처럼 반응 속도를 빠르게 하는 것은 '정촉매', 묽은 인산처럼 반응 속도를 느리게 하는 것은 '부촉매'라고 한다.

다양한 촉매

자동차 배기가스에 들어 있는 유기 물질을 분해하기 위해서는 백금 등의 금속을 촉매로 사용한다.

백금

산화타이타늄이라는 물질은 유기물이 빛을 받아 분해되는 반응을 촉진한다. 건물 외벽에 산화타이타늄을 바르면 햇빛이 닿아 외벽의 오염 물질을 자연히 분해해 준다.

산화타이타늄

이 외에도 다양한 분야에 활용되는 촉매는 현대 사회에 없어서는 안 될 존재다. 비료의 원료가 되는 암모니아는 전 세계 식량 생산에 빠뜨릴 수 없는 화합물이다. 공기 중의 질소로부터 암모니아를 만들어 낼 수 있는데, 이때 산화철이나 산화알루미늄 등을 함유한 촉매를 사용한다. 플라스틱을 합성하는 데는 타이타늄 화합물이나 알루미늄 화합물 등으로 이루어진 촉매를 사용한다.

실리콘

【Silicon·Silicone】

컴퓨터 안에 든 전자 부품을 가리키기도 하고,
조리 도구나 성형 수술 보형물 등으로 쓰이는 재료를 가리키기도 하는 단어.
둘 다 '실리콘'이라고 부르지만, 이 두 가지는 전혀 다른 물질이다.

반도체 재료 실리콘

원자 번호 14번, 기호는 Si. 바로 규소다. 규소를 영어로 'silicon(실리콘)'이라고 한다. 트랜지스터나 집적 회로(IC)[4] 같은 전자 부품에는 전류를 세밀하게 제어할 수 있는 반도체(→ p.76)가 사용되는데, 규소는 반도체의 핵심 재료다. 그래서 흔히 반도체를 사용한 전자 부품도 실리콘이라고 부른다. 그리고 미국의 실리콘 밸리는 실리콘 반도체를 제조하는 업체가 많이 모여 있어서 이런 이름으로 불리게 되었다.

실리콘 제조법

규소는 흙이나 돌 속에 이산화규소라는 화합물 형태로 대량 들어 있다. 우리가 잘 아는 수정과 오팔 등이 이산화규소의 결정이다. 이산화규소에 탄소를 섞어 고온으로 가열하면 홑원소 물질(→ p.101)인 규소를 골라낼 수 있다. 그런데 규소를 반도체 재료로 사용하려면 불순물을 최대한 제거해서 엄청나게 높은 순도로 만들어야 한다. 이를 위해 우선 규소를 고온으로 녹인 후에 조금씩 결정화하는 방법을 이용한다.

흙　　　수정　　　오팔

탄소

규소　　　결정화

이런 방법으로 만든 순도 99.9999……%의 매우 순수한 규소를 전자 부품의 재료로 사용한다.

고무 같은 실리콘

한편 고무 같은 질감을 가진 '실리콘'은 영어 단어 뒤에 'e'를 하나 더 붙인 'silicone'이
다. 순수한 규소가 아니라 규소와 산소로 이루어진 고분자 화합물을 가리키는 말이다.

실리콘(silicone)의 분자 구조

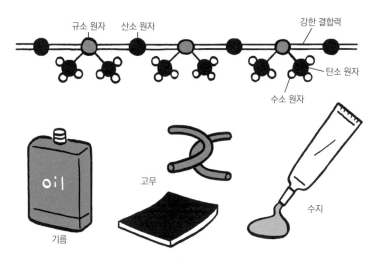

실리콘 분자는 규소 원자와 산소 원자가 사슬처럼 서로 이어져 있고, 그 사슬에 탄소 원자와 수소 원자로 이루어진 '알킬기'
나 '아릴기' 등이 결합해 그물 구조를 이루고 있다. 사슬의 길이를 조절하면 기름처럼 액상이 되거나 수지처럼 단단해진다.

실리콘은 규소 원자와 산소 원자가 매우 강하게 결합해 있어서 열이나 약품에 강하다.
고무는 대개 100℃ 정도에서 품질이 떨어지기 시작하지만, 실리콘은 200℃가 넘어도 상
태가 유지된다. 실리콘이 조리 도구에 쓰이는 이유가 이 때문이다. 반대로 −100℃에서도
탄력성을 유지해 냉동실용 용기를 만드는 데도 실리콘을 사용한다. 또 물을 잘 튕겨 내는
성질이 있어서 옷이나 신발에 뿌리는 방수 스프레이에도 실리콘이 사용된다. 게다가 실
리콘은 몸속에 넣어도 분해되지 않고 해로운 물질을 내보내지 않아서 의료용으로도 널
리 쓰이고 있다.

반도체의 실리콘과 고무 같은 실리콘 모두 현대 생활에서 빼놓을 수 없는 고마운 물
질이다. 다만 조금 더 구별하기 쉬운 이름이었다면 좋았을 텐데 하는 아쉬움이 남는다.

오존·프레온

【Ozone·CFC】

1970년대, 환경 문제가 한창 논의될 때 뉴스에 종종 오르내린 '오존'과 '프레온'.
국제적 협력으로 오존층을 보호하기 위해 노력한 결과,
파괴되었던 오존층이 조금씩 회복되고 있다는 반가운 소식이 들려온다.

다른 모양으로 결합한 산소

우리가 숨 쉴 때 들이마시는 산소는 산소 원자 두 개가 결합해 산소 분자 한 개를 이루고 있다. 그런데 산소 원자는 세 개가 결합해서 다른 모양 분자를 만들 수도 있다. 그것이 오존이다.

오존의 구조

산소 원자

산소 분자　　　　오존 분자

오존은 기체 상태로 존재하며 약간 비릿한 냄새를 풍긴다. 복사기를 가동할 때 나는 비릿한 냄새를 떠올려 보자. 그것이 바로 오존의 냄새다.

오존은 높은 농도로 모여 있을 때 독성을 지닌다. 그러나 농도가 낮으면 문제가 없는 것으로 여겨져 식품 보존이나 탈취 등에 이용된다. 원자 세 개로 이루어진 오존은 불안정해서 가만히 두면 금세 산소 원자 두 개가 결합한 산소 분자로 되돌아간다. 따라서 오존을 어딘가에 이용하려면 공기 중에서 방전을 일으켜 끊임없이 오존을 만들어 내야 한다.

오존층

자연 상태에서는 자외선이나 번개의 작용으로 오존이 생성된다. 그렇게 발생한 오존은 상공 20km 정도에 모여서 층을 이루는데, 이것이 바로 '오존층'이다. 오존이 모여 있다고는 하지만 농도는 약 0.0003%에 불과하다. 놀랍게도 이토록 낮은 농도의 오존층이 태양에서 지구로 쏟아지는 해로운 자외선을 차단해 준다. 만약 오존층이 없다면 우리는 너무 많은 자외선에 노출되어 피부암이나 전염병에 걸리는 확률이 지금보다 훨씬 더 높아질 것이다.[5]

자외선을 흡수하는 오존층

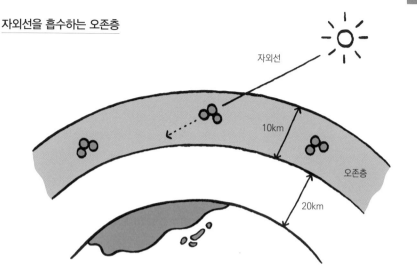

자외선

10km

오존층

20km

프레온

염화플루오린화탄소(염화불화탄소), 수소염화 플루오린화탄소 등 탄소(C), 플루오린(F), 염소 (Cl) 원자가 결합한 여러 화합물을 통틀어 'CFC' 라고 부른다. 흔히 '프레온' 가스라고도 하는데, 미국의 뒤퐁이라는 회사가 이 가스를 만들고 상 품명을 프레온이라고 한 것이 유명해져서 일반

프레온의 구조

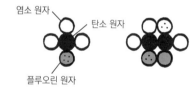

염소 원자

탄소 원자

플루오린 원자

명사처럼 쓰이게 되었다. 예전에는 냉장고나 에어컨의 냉매(→ p.113)로 프레온 가스를 널 리 사용했다.

그러나 공기 중으로 흘러나온 프레온이 상공으로 올라가서 오존층을 파괴한다는 사실 이 밝혀졌다. 특히 남극 상공의 오존량이 대폭 줄어들어 지상에 닿는 자외선이 강해졌다. 다른 곳보다 남극에서 오존량이 많이 줄어든 이유는 대기가 순환하는 패턴 때문이라고 한다. 이렇게 한곳에 집중적으로 오존이 줄어든 모습이 마치 오존층에 구멍이 뚫린 것 같 다고 해서 '오존 구멍' 또는 '오존 홀'이라고 부른다.

상황이 이런데도 계속해서 프레온을 사용한다면 남극뿐 아니라 지구 전체의 오존층이 사라져 버릴지도 모른다. 그래서 1980년대에 전 세계에서 프레온을 제조하거나 사용하 지 않기로 약속했고, 그 덕분에 최근에는 오존층이 꾸준히 회복되고 있다고 한다. 프레온 가스 금지 국제 협약은 지구 규모의 환경 문제도 전 세계 국가들이 협력하면 해결할 수 있음을 증명하는 좋은 본보기가 되고 있다.[6]

탄소 나노 튜브

【 Carbon nanotube 】

획기적인 신소재로 관심을 끌고 있는 '탄소 나노 튜브'.
탄소 원자로 이루어져 있다는데,
탄소로 이루어진 다른 물질과는 어떤 점이 다를까?

다양한 탄소

세상에는 탄소로 이루어진 물질이 많다. 연필심(흑연)도 탄소요, 다이아몬드도 탄소다. 같은 탄소인데 어떤 것은 검고 무른 성질을 지니고, 또 어떤 것은 세상에서 가장 단단한 보석이 되기도 한다. 차이가 무엇일까? 그 비밀은 탄소 원자의 결합 방식에 있다.

구조의 차이

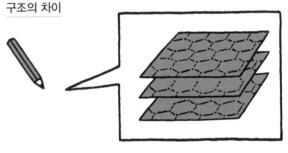

흑연은 탄소 원자가 얇은 판 형태로 이어진 구조로, 그 판들이 여러 겹 쌓여 흑연 덩어리를 이룬다. 판끼리는 결합력이 약해 서로 잘 미끄러지므로 흑연은 성질이 무르다.

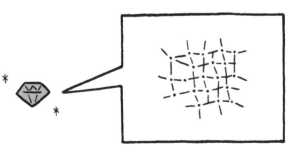

다이아몬드는 탄소 원자가 그물코처럼 모든 방향으로 서로 이어져 있다. 튼튼한 구조 덕분에 다이아몬드는 단단하다.

이와 같이 똑같은 원소로 이루어져 있음에도 모양과 성질이 다른 홑원소 물질(→ p.101)을 '동소체'라고 한다. 산소와 오존(→ p.120)도 동소체다.

특별한 방법을 이용하면 또 다른 구조의 탄소를 만들 수 있다. 1991년에 일본의 이지마 스미오 박사가 진공 용기 속에서 두 개의 흑연 봉 사이에 방전을 일으켜 탄소 원자를 가느다란 관(튜브) 모양 구조로 만들었다. 탄소 여섯 개로 이루어진 육각형 구조가 서로 연결되며 길게 이어지는데, 가느다란 죽부인 모양을 떠올리면 이해하기 쉽다. 이 물질은 탄소로 이루어진 나노(→ p.58) 굵기 튜브여서 '탄소 나노 튜브'라는 이름이 붙었다. 탄소 나노 튜브는 굵기가 겨우 몇 나노미터에 불과할 정도로 매우 가늘고, 길이는 만드는 방식에 따라서 얼마든지 연장할 수 있다.

탄소 나노 튜브의 구조

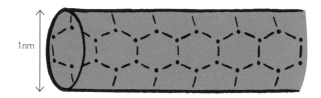

1nm

탄소 나노 튜브에는 다양한 장점이 있다. 우선 원자끼리 직접 결합해서 기다란 관 모양을 이루므로 유연성이 좋고 잡아당기는 힘에 버티는 능력도 대단히 강하다. 강도는 강철의 스무 배나 된다고 한다. 미래에 지구와 우주를 연결하는 우주 엘리베이터를 건설한다면 탄소 나노 튜브를 와이어로프로 사용할 수 있을 것으로 기대하고 있다. 또한 굵기나 구조를 세밀하게 조절해서 특별한 반도체(→ p.76)를 만들 수도 있다. 이 반도체를 사용한다면 지금보다 훨씬 더 빠르게 작동하는 전자 부품을 만들 수 있을 것이다.

한편 자연계에서 열전도율이 가장 뛰어난 것으로 다이아몬드가 손꼽히는데, 탄소 나노 튜브의 열전도율은 다이아몬드와 같다. 또 자연계에서 전기 전도율이 가장 높은 것은 은이고 그다음이 구리인데, 탄소 나노 튜브의 전기 전도율은 구리와 같은 수준이다. 탄소 나노 튜브는 전기를 흘리면 LED보다 100배 이상 효율이 높은 빛을 낸다.

이 밖에 전자를 효율적으로 방출하는 성질이나 여러 가지 물질을 잘 흡착하는 성질 등을 이용해 다양한 신소재를 개발하고 있다. 탄소 나노 튜브는 가까운 미래에 펼쳐질 첨단 기술에 빼놓을 수 없는 재료가 될 것이다.

희토류 원소

【Rare earth elements】

스마트폰이나 컴퓨터의 부품, 하이브리드 자동차의 배터리, DVD 등
첨단 전자 제품을 만드는 데 빠뜨릴 수 없는 희토류 원소.
쓰임새는 많은데 워낙 귀하다 보니 이를 둘러싼 국제적 문제도 불거지고 있다.

Physics — Electricity — Chemistry — Biology — Geography — Cosmology

보기 드문 귀한 원소

　희토류를 뜻하는 영어 'rare earth'에서 'rare'는 '희소', 'earth'는 '흙'이란 뜻이다. 즉, 희토류 원소란 '흙 속에 조금밖에 존재하지 않는 원소'라는 뜻이다. 희토류 원소는 한 종류의 원소명이 아니라 열일곱 종류의 원소를 하나로 묶은 통칭이다. 주기율표(→p.102)에서는 제3족의 원소 두 개와 밖으로 빼낸 란타넘족 원소 부분에 배열되어 있다.

　비슷한 단어로 '희유금속'이라는 것이 있다. 희토류에 더해서 니켈(Ni)이나 텅스텐(W) 등 역시 양이 적은 금속 원소를 일괄한 이름으로, 약 서른 종류의 원소가 있다.

주기율표상의 희토류 원소

족\주기	1	2	3	4	5	6	7	8	9	10	11	12	13	14	15	16	17	18
1	1 H																	2 He
2	3 Li	4 Be											5 B	6 C	7 N	8 O	9 F	10 Ne
3	11 Na	12 Mg											13 Al	14 Si	15 P	16 S	17 Cl	18 Ar
4	19 K	20 Ca	21 Sc	22 Ti	23 V	24 Cr	25 Mn	26 Fe	27 Co	28 Ni	29 Cu	30 Zn	31 Ga	32 Ge	33 As	34 Se	35 Br	36 Kr
5	37 Rb	38 Sr	39 Y	40 Zr	41 Nb	42 Mo	43 Tc	44 Ru	45 Rh	46 Pd	47 Ag	48 Cd	49 In	50 Sn	51 Sb	52 Te	53 I	54 Xe
6	55 Cs	56 Ba	57~71 란타넘족	72 Hf	73 Ta	74 W	75 Re	76 Os	77 Ir	78 Pt	79 Au	80 Hg	81 Tl	82 Pb	83 Bi	84 Po	85 At	86 Rn
7	87 Fr	88 Ra	89~103 악티늄족	104 Rf	105 Db	106 Sg	107 Bh	108 Hs	109 Mt	110 Ds	111 Rg	112 Cn	113 Nh	114 Fl	115 Mc	116 Lv	117 Ts	118 Og

57~71 란타넘족	57 La	58 Ce	59 Pr	60 Nd	61 Pm	62 Sm	63 Eu	64 Gd	65 Tb	66 Dy	67 Ho	68 Er	69 Tm	70 Yb	71 Lu
89~103 악티늄족	89 Ac	90 Th	91 Pa	92 U	93 Np	94 Pu	95 Am	96 Cm	97 Bk	98 Cf	99 Es	100 Fm	101 Md	102 No	103 Lr

희토류 원소는 다른 원소에는 없는 특별한 자성이나 화학적, 광학적 성질을 띤다. 따라서 다양한 재료를 만드는 데 이용할 수 있어 현대 사회에서 매우 중요한 원소로 손꼽힌다.

다양하게 쓰이는 희토류 원소

강력한 자석과 모터
이트륨(Y)
사마륨(Sm)
네오디뮴(Nd)

배기가스 정화 촉매
란타넘(La)
세륨(Ce)
사마륨(Sm)

연료 전지
란타넘(La)

레이저
네오디뮴(Nd)
홀뮴(Ho)

형광 관
유로퓸(Eu)

광섬유
가돌리늄(Gd)
터븀(Tb)
디스프로슘(Dy)
어븀(Er)

희토류 원소를 대체할 방법

희토류 원소는 이름 그대로 매우 희소하다. 그중 가장 많다는 세륨(Ce)도 지각(→ p.182) 속에 약 0.007%밖에 없다. 심지어 희토류 원소가 함유된 광석은 전 세계에서도 주로 중국에서만 산출된다. 그런데 2010년에 중국 정부는 정치적인 이유[7]로 일본에 희토류 원소 수출을 일시 중단해 버렸다. 이에 일본은 산업이 붕괴할지도 모를 위기에 처했다.

그에 따라 더 흔한 원소를 사용해 희토류 원소에 가까운 성능을 내기 위한 연구를 급속도로 진행해 긍정적인 결과를 냈다. 한 예로 모터 구조를 연구해서 희토류 원소를 사용하지 않는 일반 자석으로도 고출력 모터를 만들 수 있게 되었다. 그리하여 지금은 희토류 원소를 전처럼 많이 사용하지 않아도 되는 상황으로 조금씩 변모해 가고 있다.

의도를 품은 통계

그 통계, 그냥 믿어도 될까?

건강을 주제로 하는 방송이나 광고를 보면 '○○이라는 영양제를 먹으면 ××라는 병을 예방할 수 있다.' 같은 이야기가 자주 들린다. 이러한 주장과 더불어 그럴싸해 보이는 그래프가 등장하면 마치 과학적으로 증명된 이야기처럼 보여 자신도 모르게 귀를 쫑긋 세우고 듣게 된다. 그런데 그 영양제는 정말 효과가 있을까?

영양제 등의 유효성을 알아보는 실험을 할 때 주의할 점이 네 가지 있다. 첫째, 해당 영양제를 먹을 사람과 먹지 않을 사람의 조건을 똑같이 맞추어야 한다. 이 실험에서는 영양제를 먹는 집단을 '실험군', 먹지 않는 집단을 '대조군'이라고 하는데, 실험군과 대조군은 영양제 복용 여부를 제외한 모든 조건을 완전히 똑같이 맞추어야 한다. 연령, 성별, 키, 몸무게, 병력, 가족 구성 등 맞추어야 할 조건은 많고도 다양하다.

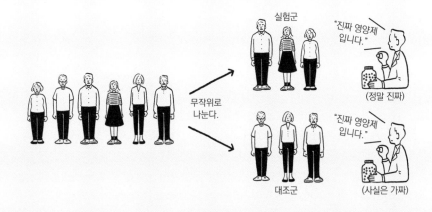

둘째, 대조군에 속한 사람에게 유효 성분이 들어 있지 않은 가짜 영양제('위약' 또는 '플라세보'라고 한다)를 주면서 진짜 영양제로 믿게 해야 한다. '병은 마음에서 온다'는 말처럼 인간은 암시만으로도 몸 상태가 좋아지기도 나빠지기도 하는 존재다. 그러므로 '나는 영양제를 먹었으니 병에 걸리지 않는다'는 암시의 효과가 실험군에만 작용하는 것을 방지하기 위해 대조군에도 똑같은 암시를 주어야 양쪽의 조건이 같아진다.

셋째, 만약 실험에 참여한 사람 수가 너무 적으면 단순한 우연으로 실험군과 대조군에서 병에 걸리는 사람 수에 차이가 생길 수도 있다는 점에 주의해야 한다. 예를 들어 실험군과 대조군이 각각 두 명씩밖에 없다면 단순한 우연으로 대조군에 속한 두 명이 병에 걸리는 일도 얼마든지 일어날 수 있다. 따라서 연구 대상자 수는 되도록 많아야 한다. 연구 대상자가 많으면 많을수록 우연으로 차이가 발생할 가능성이 작아진다. 사람 수를 많이 늘려도 실험군과 대조군에서 확실한 차이가 나타났다면 그것은 정말로 영양제의 효과일 가능성이 크다고 말할 수 있다.

넷째, 연구 대상자 수가 많더라도 실험군과 대조군에서 병에 걸린 사람의 수가 별로 차이가 나지 않는다면 그것은 영양제 효과가 아니라 단순한 우연일 가능성이 크다. 영양제가 확실히 효과가 있다고 주장하려면 실험군과 대조군에서 각각 병에 걸린 사람의 수가 크게 차이 나야 한다. 그 차이가 얼마나 커야 하는지의 기준은 '통계적 검정'이라는 방법을 이용해 판단할 수 있다.

예를 들어 오른쪽 그래프 같은 결과가 나왔다고 가정해 보자. 얼핏 보면 열 명이나 차이가 나므로 영양제의 효과가 확실하다고 주장하고 싶어질 것이다. 그러나 통계적 검정에 따르면 열 명의 차이는 단순한 우연으로 생겼을 가능성이 있다. 이 경우에 열두 명 이상(물론 이 값은 조건에 따라서 크게 달라진다) 차이가 나지 않으면 확실히 효과가 있었다고 주장할 수 없다. 통계학적으로 우연이 아

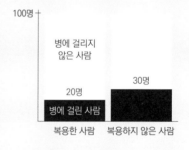

니라 확실히 의미 있는 차이일 가능성이 크다면 '이 실험 결과에는 유의차가 있었다'라고 표현한다.

정말로 의미 있는 통계 데이터를 내놓기 위해서는 최소한 위의 네 가지 기준은 반드시 지켜야 한다. 텔레비전 프로그램에서 고작 몇 명을 모아 대강 실험하는 정도로는 좀처럼 이 기준을 만족시킬 수 없을 것이다. 비단 영양제만이 아니다. 건강법, 공부법, 여론 조사 등등 세상에는 참으로 그럴듯해 보이는 통계 데이터들이 넘친다. 그럴싸하게 들리는 결론에 동조하기 전에 위와 같은 기준들을 충족하는 결과인지 과학적 사고를 바탕으로 의심해 볼 필요가 있다.

참고

1 모든 산은 신맛이 나며, 수용액은 전류가 흐르고, 푸른색 리트머스 종이를 붉게 변화시키고, 금속과 반응하여 수소를 발생시킨다. 이렇게 산이 가지는 공통된 성질을 '산성'이라고 한다.

2 흔히 '나트륨'으로 불리는 원소의 원래 이름은 '소듐'이다. 1807년에 영국의 과학자 데이비가 처음으로 원소 상태로 분리해 내고 소듐이라는 이름을 붙였다. 나트륨이라는 이름과 원소 기호 Na는 1814년에 스웨덴의 과학자 베르셀리우스가 제안하여 만들어진 것으로, 우리나라에는 이 이름이 먼저 알려졌다. 유럽에서는 주로 나트륨이라 하고 영어권에서는 소듐이라고 한다.

3 모든 염기는 쓴맛이 나고 미끈거리며, 수용액은 전류가 흐르고, 붉은색 리트머스 종이를 푸르게 변화시킨다. 이렇게 염기가 가지는 공통된 성질을 '염기성'이라고 한다.

4 'integrated circuit'의 머리글자를 딴 것으로, 두 개 이상의 회로 소자 모두가 기판 위나 기판 내에 서로 분리될 수 없도록 결합한 전자 회로를 뜻한다. 크기가 작으면서도 동작 속도가 빠르고 전력 소비가 적으며 가격이 싸다는 이점이 있다.

5 오존의 농도가 1% 감소할 때마다 지구에 닿는 유해 자외선의 양은 2%씩 증가한다. 오존층이 파괴되면 피부암이나 백내장 등의 발병률이 높아지고, 인체의 면역력이 약해져 전염병에 쉽게 걸린다. 또 식물성 플랑크톤이 줄어들어 바다 생태계가 균형을 잃는 등 환경 문제가 연쇄적으로 일어난다.

6 1987년 9월 16일, 캐나다 몬트리올에서 오존층 파괴 물질의 생산과 규제에 관한 기후 협약을 체결했다. 공식 명칭은 '오존층 파괴 물질에 관한 몬트리올 의정서'다. 이 의정서는 염화플루오린화탄소, 할론 가스 등 오존층을 파괴하는 물질에 대한 사용 금지 및 규제를 통해 오존층 파괴로 인한 피해를 최소화하기 위해 채택되었다. 1989년 1월에 발효되었고, 우리나라는 1992년 2월에 가입했으며, 지금까지 197개국이 참여하고 있다. 그러나 2010년대 이후 중국이 프레온 가스 생산 및 사용을 재개한 것으로 알려져 많은 비판을 받았다. 한동안 물증을 찾지 못했으나 최근 한국, 미국, 일본, 호주 등 다국적 연구진에 의해 중국에서 염화플루오린화탄소가 배출되고 있다는 사실이 확인되었다.

7 2010년 9월, 일본 정부는 조어도 해역에서 조업 중인 어선이 해상 보안청 소속 순시함을 들이받았다는 이유로 중국 어선을 나포하고 선장을 체포했다. 하지만 당시 중국이 첨단 제품 원료인 희토류의 수출을 중단해 버리자 다른 곳에서 희토류를 구할 수 없었던 일본은 중국 선장을 풀어 주며 백기를 들었다. 이 사건을 계기로 일본뿐 아니라 미국을 비롯한 세계 여러 나라가 중국의 희토류에 의존하지 않을 방법을 찾기 시작했다. 언제든지 중국의 희토류 무기화에 당할 수 있다는 우려 때문이었다. 일본은 호주와 합작해 말레이시아에 희토류 제련 공장을 세웠다. 미국도 자국 내에 희토류 광산을 개발하고 제련 시설을 갖추기 시작했다. 전 세계가 이 같은 노력을 기울이자 2010년에 97%였던 중국의 희토류 점유율은 2년 만에 70%까지 하락했다.

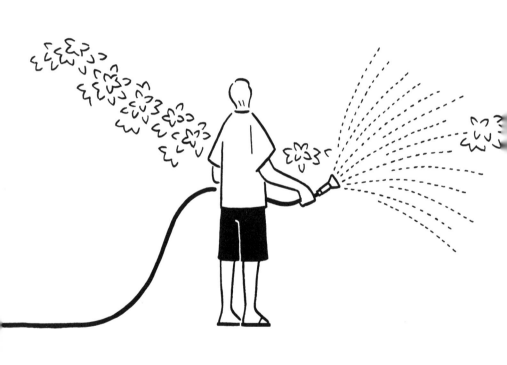

생물

Biology

생물학은 이름 그대로 생물을 연구하는 학문이다. 그런데 근원적인 의문이 머리를 스친다. 생물이란 대체 무엇일까? '영양분을 흡수하고 증식하는 존재' 같은 막연한 이미지 외에 더 엄밀하게 정의를 내려야 하는 상황이 온다면 말문이 막힐지도 모르겠다. 또 지금 어떤 정의를 내리더라도 우주 어딘가에는 그 정의에 전혀 해당하지 않는 또 다른 생물이 있을 수도 있지 않을까? 만약 미래에 고도로 발달한 인공 지능이 개발되어 실제 생명체와 아주 비슷한 양상을 보인다면 우리는 그것을 생물이라고 부를 수 있을까?

세포

【 Cell 】

모든 생물체를 이루는 기본 단위, '세포'.
이 세상에 세포로 이루어지지 않은 생물은 단 하나도 발견된 적이 없다.
세포는 생물을 분류하고, 생물의 기능을 이해하는 데 꼭 필요한 열쇠다.

다양한 세포

인간이나 바퀴벌레, 해바라기나 곰팡이처럼 많은 세포로 이루어진 생물을 가리켜 '다세포 생물'이라고 한다. 이와 달리 세균과 같이 세포 하나가 곧 하나의 생명체를 이루는 생물을 '단세포 생물'이라고 부른다.

세포의 크기는 종류에 따라 다양하지만 대개 0.001mm 정도 된다. 그러나 개중에는 눈으로 볼 수 있는 수 밀리미터 크기의 세포도 있다. 새의 알도 관점에 따라서는 하나의 세포로 분류할 수 있다.

중세 시대까지는 생물이 세포로 이루어졌다는 사실이 알려지지 않았다. 그러다 1665년, 영국의 화학자 로버트 훅이 당시 막 발명된 현미경을 이용해 코르크(나무 조직)가 수많은 구획으로 나뉘어 있는 것을 발견했다. 그리고 자기가 발견한 작은 구획들에 '수도자의 작은 방'이라는 뜻을 지닌 'cell(세포)'이라는 이름을 붙여 주었다.

살아 있는 세포가 발견된 것은 19세기에 접어들어서였다. 독일의 식물학자 마티아스 슐라이덴과 생리학자 테오도르 슈반 등이 처음 발견한 것으로 알려져 있다.

생물의 분류

세포의 기본 구조를 기준으로 삼으면 모든 생물을 두 종류로 분류할 수 있다. 세포 속에 별다른 구조가 없고 DNA(→ p.146)가 세포질에 그대로 노출되어 있는 생물을 '원핵생물'이라고 한다. 대장균 같은 세균은 전부 원핵생물이다.

한편 세포 속에 다양한 세포 소기관(구조체)이 있고 DNA가 '핵'이라는 세포 소기관 안에 들어 있는 생물을 '진핵생물'이라고 한다. 동물과 식물, 버섯과 곰팡이, 효모와 같은 균류는 전부 진핵생물이다.

세포의 구조

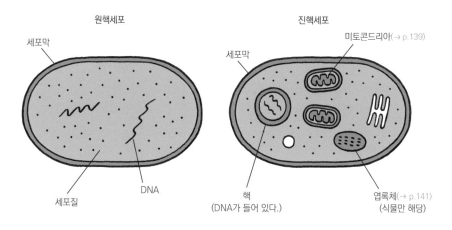

원핵세포

세포막

세포질

DNA

진핵세포

미토콘드리아(→ p.139)

세포막

핵
(DNA가 들어 있다.)

엽록체(→ p.141)
(식물만 해당)

원핵세포는 세포벽의 주성분이 '펩티도글리칸'이고, 진핵세포(식물)의 세포벽은 '셀룰로스'가 주성분이다. 원핵생물은 세포벽 등을 구성하는 물질의 종류에 따라 또다시 세균과 고세균[1]으로 나뉜다. 따라서 모든 생물을 대략 분류하면 세균, 고세균, 진핵생물 이렇게 세 가지로 나눌 수 있다는 것이 현재의 정설이다. 참고로 세균과 균류는 전혀 다른 생물이므로 혼동하지 않도록 균류를 진균류라고 부르기도 한다.

생물의 분류

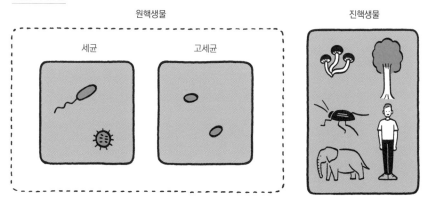

원핵생물

세균

고세균

진핵생물

원핵생물은 모두 단세포 생물이다. 진핵생물 중에는 인간 같은 다세포 생물도 있고, 효모 같은 단세포 생물도 있다.

바이러스

【 Virus 】

최근 세균보다 더 큰 거대 '바이러스'가 몇 종류 발견되면서
생물에 대한 기존의 이미지를 흔들고 있다. 그러나 아직은
바이러스는 생물이 아니라는 것이 정설이다. 그렇다면 바이러스는 무엇일까?

Physics ― Electricity ― Chemistry ― Biology ― Geography ― Cosmology

세균과 바이러스의 차이

바이러스와 세균은 둘 다 맨눈에는 보이지 않을 만큼 작고, 증식해서 개체 수를 늘리며,
개중에는 병을 일으키는 것들도 있다. 예를 들어 독감의 원인은 바이러스, 식중독의 원인
은 세균이다. 서로 공통점이 많아 보이지만, 사실 바이러스와 세균은 전혀 다른 존재다.

구조의 차이

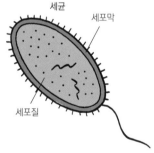

세균

세포막

세포질

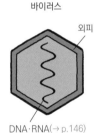

바이러스

외피

DNA·RNA(→ p.146)

세균은 원핵생물(→ p.134)로, 세포막 속에 세포질이
있고 이곳에 DNA 등 다양한 물질이 있다. 대사와 증
식 등 생명 활동을 위한 시스템을 모두 갖추고 있다.

바이러스는 DNA(또는 RNA)와 그것을 감싸는 단백질
또는 지질 껍질(외피)만으로 이루어져 있다. 생명 활동
을 위한 시스템은 갖추지 않았다.

위와 같은 차이로 우리는 바이러스를 생물이 아닌 것으로 여긴다. 극단적으로 말하자
면 바이러스는 단순한 물질 알갱이나 마찬가지라고 할 수 있다. 세균은 영양분만 있으면
자력으로 증식할 수 있지만, 바이러스는 혼자 힘으로 증식하지 못한다. 바이러스는 다른
생물의 세포를 점령해야만 비로소 증식할 수 있다.

바이러스의 증식 원리

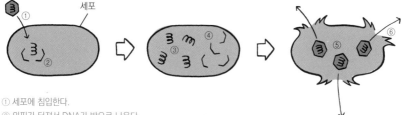

바이러스

세포

① 세포에 침입한다.
② 외피가 터져서 DNA가 밖으로 나온다.
③ 세포의 복제 기구를 이용해 바이러스의 DNA를 많이 늘린다.
④ 세포의 단백질 합성 기구를 이용해 외피를 만든다.
⑤ 완성된 DNA와 외피가 결합해 새로운 바이러스를 만든다.
⑥ 세포에서 빠져나오며 세포를 파괴한다.

바이러스 발견의 역사

19세기에 이르러 대다수 감염병이 세균으로 인해 발생한다는 사실이 밝혀졌다. 그러나 감염병 중에는 아무리 연구해도 원인 세균을 발견할 수 없는 것들도 일부 있었다. 그러던 1892년, 러시아의 식물학자 드미트리 이바놉스키가 식물 사이에 전염되는 담배 모자이크병[2]이 세균보다 훨씬 더 작은 미지의 병원균으로 인해 발생한다는 사실을 알아냈다. 그 후로도 여러 감염병에서 같은 병원균이 발견되었고, 이들은 모두 라틴어로 '독소'를 뜻하는 'virus'라는 이름으로 불리게 되었다. 그리고 1935년, 미국의 생화학자 웬들 스탠리가 담배 모자이크 바이러스의 결정을 만드는 데 성공해 전자 현미경으로 바이러스의 정체를 밝혀냈다. 이렇게 실험실에서 하나의 결정으로 만들어 낼 수 있는 것을 생물이라고 정의할 수는 없을 것이다.

의료 분야에 응용하다

최근 들어 바이러스를 의료에 이용하려는 연구가 진행되고 있다. 한 예로 유전자 조작(→ p.158)을 통해 암세포에만 감염되는 바이러스를 만들어 암을 치료하고자 하는 시도가 있다. 또 유전자 이상으로 병에 걸린 환자를 정상 유전자를 집어넣은 바이러스에 감염시켜서 병을 치료하는 방법도 있다. 아직 본격적인 실용화 단계에 이르지는 못했지만, 언젠가는 바이러스를 이용한 치료법이 일반적으로 행해질지도 모른다.

호흡·미토콘드리아

【 Respiration·Mitochondria 】

인간은 생존하기 위해 영양분과 산소를 흡수해 에너지를 만들어 낸다.
생명의 핵심이라 할 수 있는 이 일을 '호흡'이라 하며
세포 안에 있는 작은 기관 '미토콘드리아'가 수행한다.

외호흡과 내호흡

'호흡'이라는 말에는 두 가지 뜻이 있다. 하나는 몸속으로 산소를 들이마시고 이산화탄소를 몸 밖으로 내보내는 일을 뜻한다. 인간은 폐로 호흡하고, 곤충은 기관으로, 물고기는 아가미로 호흡한다. 이것을 '외호흡'이라고 한다.

다른 하나는 외호흡으로 들이마신 산소와 영양분을 세포 내에서 반응시켜 ATP 분자를 합성하는 일을 일컫는다. 이것을 '내호흡'이라고 부른다.

ATP는 'adenocine tri-phosphate'의 약자로, '아데노신3인산'이라고도 한다. 생체 내 에너지를 저장하고, 이를 공급하고 운반하는 데 관여하는 중요 물질로, 생물은 에너지가 필요할 때 ATP를 분해해서 에너지를 꺼내 쓴다. 우리는 바로 이 에너지를 사용해 생명을 유지하고, 몸을 움직이고, 자손을 만드는 등의 활동을 한다.

내호흡

탄수화물은 포도당을 분해하는 '해당 작용'[3]과 유기산이 산화하는 '구연산 회로 (TCA 회로)'[4]를 거쳐서 최종적으로 이산화탄소와 물이 된다. 이때 ATP라는 분자가 만들어진다. 또 구연산 회로에서 발생한 수소 이온이 '호흡 연쇄'[5]라는 과정을 거쳐 더 많은 ATP를 만들어 낸다. 이때 산소가 사용된다.

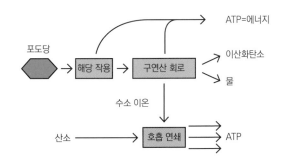

미토콘드리아

내호흡을 담당하는 것은 '미토콘드리아'라는 세포 소기관(→ p.134)이다. 그리스어 'mito'는 '실', 'chondria'는 '작은 곡식 낟알'을 뜻한다. 이름처럼 미토콘드리아는 끈과 알갱이 같은 모양을 하고 있는데, 세포 하나하나마다 잔뜩 들어 있다.

미토콘드리아의 구조

미토콘드리아는 두 겹의 막으로 이루어져 있다. 해당 작용이 일어나는 곳은 미토콘드리아 바깥의 세포질이다. 구연산 회로는 미토콘드리아의 꼬불꼬불 주름진 안쪽 막 내부에서 작동하고, 호흡 연쇄는 안쪽 막 표면에서 이루어진다.

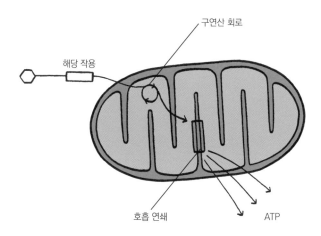

구연산 회로

해당 작용

호흡 연쇄   ATP

미토콘드리아는 독자적인 DNA(→ p.146)를 가지고 있어서 세포 안에서 자력으로 증식한다. 생식(→ p.149) 때 난자와 정자가 만나면 정자의 미토콘드리아는 사라지므로 미토콘드리아의 DNA는 오직 어머니만 자식에게 물려줄 수 있다. 따라서 미토콘드리아의 DNA 분석을 통해 모계를 거슬러 올라가는 추적 연구를 할 수 있다.

사실 미토콘드리아는 원래 독자적인 생물이었다고 한다. 옛날 옛적에 원시적인 진핵세포 속에 발진티푸스[6]를 일으키는 '리케차'와 비슷한 세균이 정착하면서 그대로 미토콘드리아가 되었다고 한다. 미토콘드리아가 독자적인 DNA를 가지고 있는 이유도 이것으로 설명된다.

광합성·엽록체

【 Photosynthesis·Chloroplast 】

식물은 '엽록체'를 통해 태양 에너지를 받아들이고,
동물은 식물을 먹어 영양분을 얻는다.
그러므로 지구의 수많은 생물이 태양 에너지에 의지해 살아가는 셈이다.

광합성의 원리

많은 식물이 이산화탄소와 물을 가지고 태양 에너지를 받아 탄수화물을 만든다. 이것이 바로 '광합성'이다. 광합성 과정은 크게 '명반응'과 '암반응'이라는 두 단계로 나눌 수 있다.

광합성의 두 단계

우선 빛 에너지가 식물의 엽록소에 붙들린다. 그 에너지를 사용해서 물을 산소로 바꾸는 것이 명반응이다. 이 반응으로 전자와 ATP(→ p.138)가 생성된다.
명반응에서 만들어진 전자, ATP와 함께 이산화탄소를 원료로 하는 몇 단계 과정을 거치면 탄수화물이 만들어진다. 이 과정이 암반응이다.
참고로 식물이 초록색으로 보이는 것은 엽록소가 초록색 빛을 거의 흡수하지 않고 식물 표면에서 반사하기 때문이다. 엽록소는 주로 파란색과 붉은색 빛을 흡수한다.

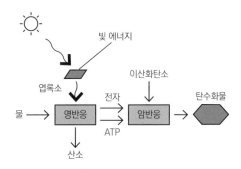

암반응에서 어떤 탄수화물이 가장 먼저 만들어지느냐에 따라서 식물을 두 가지 유형으로 나눌 수 있다. 벼나 밀 등에서는 탄소 원자를 세 개 함유한 탄수화물이 가장 먼저 만들어진다. 이러한 식물을 'C3 식물'이라고 한다. C3 식물은 광합성 효율이 그리 높지 않고, 기온이 오르면 시들시들 약해진다.

한편 옥수수나 사탕수수 등에서는 탄소 원자를 네 개 함유한 탄수화물이 가장 먼저 만들어진다. 이러한 식물을 'C4 식물'이라고 한다. C4 식물은 광합성 효율이 높으며, 물이 적고 기온이 높은 환경에서도 튼튼하게 잘 자란다. 그래서 벼 등의 작물을 C4 식물로 바꾸어 생산 효율을 높이고자 하는 연구를 진행하고 있다.

엽록체

엽록체는 식물 잎의 세포 안에 함유된 둥근 모양 또는 타원형의 구조체(→ p.134)다. 엽록소는 엽록체 속에 들어 있으며, 광합성 역시 엽록체 속에서 이루어진다.

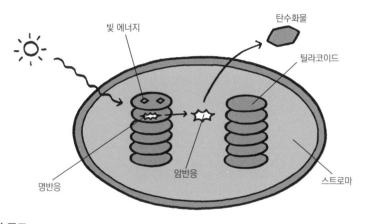

엽록체의 구조

미토콘드리아(→ p.139)와 같이 세포 소기관의 한 종류인 엽록체는 두 겹의 막으로 이루어져 있으며, 그 내부를 '스트로마'라고 한다. 스트로마 안에 녹색 원반을 쌓아 올린 것 같은 구조가 있는데, 이를 '틸라코이드'라고 부른다.

틸라코이드 표면에 엽록소가 박혀 있어서 이곳에서 명반응이 이루어진다. 암반응은 스트로마 속에서 진행된다.

엽록체도 미토콘드리아와 마찬가지로 원래는 다른 생물이었던 것으로 알려져 있다. 태곳적에 '남세균'이라는 세균이 있었다. 남세균은 핵막으로 싸인 핵이나 다른 세포 소기관을 가지고 있지는 않지만, 고등 식물이 가지는 엽록체를 지니고 있어서 광합성을 한다. 이 남세균이 세포 속에 들어앉아 엽록체가 되었다고 한다. 이를 증명하듯 엽록체도 독자적인 DNA를 가지고 있다.

참고로 바다숏과의 동물 중에는 섭취한 해조류에서 엽록체를 빼내서 자기 세포 안에 집어넣고 광합성을 하는 독특한 개체도 있다.

단백질 · 효소

【Protein·Enzyme】

‘단백질’은 한자로 蛋(새알 단), 白(흰 백), 質(바탕 질)이라고 쓰는데,
독일어로 ‘달걀흰자’를 뜻하는 ‘eiweiß’를 직역한 것이다.
단백질을 뜻하는 영어 ‘protein’은 원래 그리스어로 ‘가장 중요한 것’이라는 뜻이다.

몸을 만드는 단백질

세포는 70%가 물로 이루어져 있고, 나머지 30%의 반 이상을 단백질이 차지한다. 인간의 몸에는 대략 1만~10만 종류의 단백질이 있다고 한다.

단백질의 구조

아미노산 분자가 사슬 모양으로 이어지고, 그 사슬이 특정 모양으로 꼬여서 단백질이 만들어진다. 열을 가하면 꼬인 구조가 망가지고, 단백질의 성질이 변해 버려서 쓸모가 없어진다.

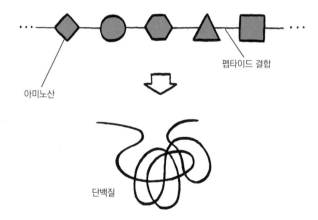

펩타이드 결합

아미노산

단백질

아미노산에는 스무 종류가 있는데, 어떻게 이어지느냐에 따라서 성질이 다른 단백질이 된다. 이때 아미노산 분자들을 이어 주는 결합을 ‘펩타이드 결합’이라고 한다. 분자 모양을 기준으로 단백질을 분류하면 크게 두 가지로 나눌 수 있다.

단백질의 종류

	특징	예
구형 단백질 (공이나 타원 모양)	물에 잘 녹고, 세포질이나 혈액 속에서 여러 가지 기능을 발휘한다.	알부민(지질을 운반함) 헤모글로빈(산소를 운반함) 다양한 효소(촉매로 작용)
섬유상 단백질 (실처럼 가느다란 모양)	단단하고 신축성이 있으며, 몸의 구조를 만든다.	콜라젠(피부나 연골을 만듦) 케라틴(손발톱과 모발을 만듦) 액틴과 미오신(근육을 만듦)

효소

　단백질 중에는 특정 화학 반응을 촉진하는 촉매(→ p.116)로 작용하는 것이 있는데, 이러한 단백질을 '효소'라고 한다. 예를 들어 침 속에 들어 있는 '아밀레이스'라는 효소는 전분을 분해하는 반응을 촉진한다. 아밀레이스가 없으면 전분은 거의 분해되지 않는다.

　18세기부터 19세기에 걸쳐서 여러 가지 효소가 발견되었는데, 효소의 정체가 단백질임을 밝힌 사람은 미국의 생화학자 제임스 섬너. 그는 1926년에 작두콩에 들어 있는 '유레이스'라는 요소 분해 효소를 결정화하고 분석해서 효소의 정체를 밝혀냄으로써 1946년에 노벨 화학상을 받았다(미국의 존 노스럽, 웬들 스탠리와 공동 수상) .

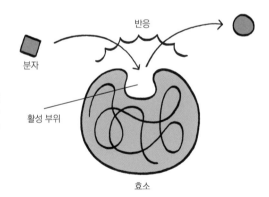

효소의 작용

효소의 '활성 부위'에 분자가 들어오면 정해진 화학 반응이 일어나고, 반응을 마친 분자는 활성 부위에서 떨어져 나간다. 이때 효소 자체에는 아무런 변화도 일어나지 않는다.

　효소가 일으키는 대다수 반응은 인간이 시험관 속에서 흉내 낼 수가 없다. 어떤 의미에서는 사람의 지혜보다도 생물의 몸속에서 저절로 진행되는 메커니즘이 더욱 슬기로운 셈이다. 인간은 그 슬기를 빌려서 지방이나 단백질을 분해하는 효소를 세제에 넣어 세척력을 개선하는 등 생활의 질을 높이고 있다.

게놈·유전자

【 Genome·Gene 】

유전학은 관련 용어가 많고도 어려워 알 듯 말 듯 헷갈리기 십상이다.
'유전자'를 '설계도'에 빗대어 기억하면 이미지를 떠올리기가 조금 쉬워질 것이다.

생물의 설계도

생물의 몸에는 아미노산(→ p.142)을 어떠한 순서로 배열해야 원하는 단백질을 만들 수 있는지 기록한 설계도가 있다. 그 설계도 하나하나를 '유전자'라고 한다. 인간은 약 2만 개의 유전자를 가지고 있다. 즉, 신체에 설계도가 2만 개쯤 있다는 이야기다.

이 설계도를 전부 모아 엮은 책이 있다고 생각해 보자. 책의 본문 전체에 해당하는 것이 '게놈'이다. 그런데 설계도가 워낙 많다 보니 본문이 너무 길어서 책 한 권에 다 담을 수가 없다. 그래서 인간의 경우 이 책은 총 스물세 권으로 나뉘어 있다. 즉, 설계도 전집이 게놈이고, 전집을 구성하는 낱권의 책은 '염색체'다.

유전자 · 게놈 · 염색체

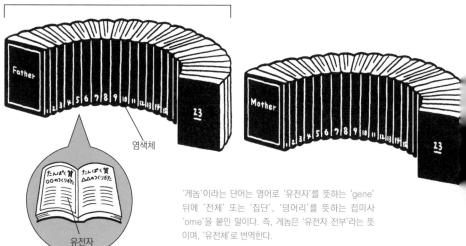

'게놈'이라는 단어는 영어로 '유전자'를 뜻하는 'gene' 뒤에 '전체' 또는 '집단', '덩어리'를 뜻하는 접미사 'ome'을 붙인 말이다. 즉, 게놈은 '유전자 전부'라는 뜻이며, '유전체'로 번역한다.

우리는 아버지와 어머니에게서 게놈을 한 세트씩 물려받으므로 총 두 세트의 게놈을 갖게 된다. 따라서 같은 종류의 단백질을 만드는 설계도(유전자)가 두 개 있는 셈이다. 만약 아버지에게서 받은 유전자와 어머니에게서 받은 유전자 사이에 미묘한 차이가 있으면, 둘 중 어느 쪽 설계도를 참조하느냐에 따라 만들어지는 단백질이 살짝 달라진다. 이에 따라 몸의 특징이 달라진다. 쉽게 말해 아버지를 닮느냐 어머니를 닮느냐가 결정되는 것이다. 이처럼 같은 종류의 유전자인데 미묘한 차이를 띠는 것을 '대립 유전자'라고 한다.

대립 유전자 중에는 우선해서 쓰이는 것이 정해져 있다. 예를 들어 늘어진 귓불을 만드는 대립 유전자(F)와 턱에 딱 붙는 귓불을 만드는 대립 유전자(f)가 있다면 F가 우선해서 쓰인다. 우선해서 쓰이는 대립 유전자를 우성, 그렇지 않은 대립 유전자를 열성이라고 한다.

2017년, 일본 유전학회에서는 '우성'과 '열성'이라는 단어가 유전자의 우열을 가리는 인상을 준다는 이유로 이를 '현성(顯性)'과 '잠성(潛性)'으로 바꾸어 부르기로 했다.

성의 구별

포유류나 조류, 곤충처럼 암수가 따로 있는 생물은 모두 게놈을 두 세트씩 가진다. 이러한 생물을 '2n체' 또는 '이배체'라고 한다. 한편 세균이나 곰팡이 등 암수 구별이 없는 생물은 게놈을 한 세트밖에 가지지 않는다. 그러한 생물을 'n체' 또는 '반수체'라고 한다. 물론 인간은 2n체다.

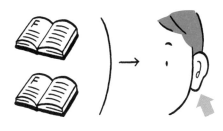

F를 두 개 가진 경우 당연히 F가 사용되어 늘어진 귓불이 된다.

F와 f를 한 개씩 가진 경우 F가 사용되어 늘어진 귓불이 된다.

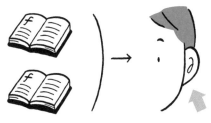

f를 두 개 가진 경우 당연히 f가 사용되어 턱에 딱 붙은 귓불이 된다.

DNA·RNA

【Deoxyribonucleic acid·Ribonucleic acid】

세포의 핵 속에 들어 있는 'DNA'와 'RNA'가 유전을 지배한다.
유전 정보를 담고 있는 DNA는 설계도 역할을 하며,
RNA는 이 설계도대로 필요한 아미노산을 모아 단백질을 합성한다.

단백질을 만드는 설계도

우리 몸에는 단백질을 만드는 설계도를 모아 엮은 게놈(→ p.144)이라는 방대한 분량의
전집이 있다. 게놈을 이루는 구성 요소 중 종이와 글자 또는 그림에 해당하는 것이 바로
DNA다. DNA의 구조는 두 가닥의 실이 서로 꼬인 것 같은 모양을 하고 있는데, 이를 '이
중 나선'이라고 한다. 이중 나선은 길이가 수 미터에 이르며, 굵기는 겨우 2nm로 매우 길
고 가늘다.

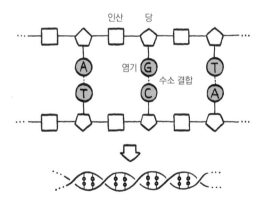

DNA의 구조

당과 인산이 차례로 이어져 긴 사슬을 형성한
다. 사슬을 이루는 모든 당에는 저마다 '염기'
가 매달려 있다. '염기'란 DNA나 RNA의 구
성 성분인 질소를 함유하는 고리 모양 유기 화
합물을 일컫는다. DNA의 염기는 아데닌(A),
타이민(T), 구아닌(G), 사이토신(C) 이렇게 네
종류가 있다.
이처럼 당과 인산으로 이어지고, 당마다 염기
가 매달린 사슬 두 줄이 나란히 있는데, 각 사
슬에 매달린 염기끼리는 '수소 결합'이라는 약
한 화학 결합으로 이어져 있다.

이것이 DNA 이중 나선의 구조다. 이 가운데 당과 인산으로 이어진 사슬은 설계도의
종이에 해당하고, 염기는 종이에 적힌 글자나 그림에 해당한다.

한편 각 염기는 수소 결합을 할 수 있는 상대가 정해져 있다. 예를 들면 염기 A는 T하고
만, G는 C하고만 수소 결합을 할 수 있다. 따라서 한쪽 사슬의 염기 배열이 정해지면 이
에 대응하는 다른 한쪽 사슬의 염기 배열이 결정된다. 이를 '상보적' 관계라고 한다. 또 염
기 세 개가 모여 한 개의 '코돈'을 이루는데, 코돈은 아미노산 분자 한 개와 대응한다. 예
컨대 'AGC'라는 코돈은 '세린'이라는 아미노산과 대응한다.

염색체의 구조

염색체(→ p.144)는 게놈이라는 전집을 구성하는 낱권의 책에 해당한다. 인간 같은 진핵생물(→ p.134)은 어마어마하게 가늘고 기다란 DNA를 크기 0.01mm 정도의 작은 핵 속에 넣어 두어야 한다. 그래서 DNA를 '히스톤'이라는 원반형 단백질에 돌돌 감아서 정보를 한데 압축해 둔다. 이것이 바로 염색체다.

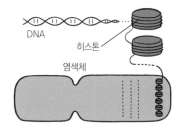

단백질의 합성

단백질을 합성할 때에는 우선 DNA의 염기 배열을 '메신저 RNA(mRNA)'라는 분자에 복제한다. 이를 '전사(글이나 그림을 옮겨 베낌)'라고 한다. 설계도 책에 실린 수많은 설계도 중에서 하나를 RNA라는 메모지에 옮겨 적는 것이다. RNA는 DNA와 비슷하지만, 사슬이 두 줄이 아니라 한 줄이고, 타이민(T) 대신에 우라실(U)이 사용되는 등 염기 종류가 DNA와 조금 다르다. DNA는 RNA보다 안정적이어서 유전 정보를 장기간 보존하는 데 적합하다. 반면 RNA는 맡은 일이 끝나면 뿔뿔이 흩어지고, 필요할 때 다시 사용할 수 있어서 일시적으로 설계도를 베껴 메모하기에 적합하다.

전사와 번역

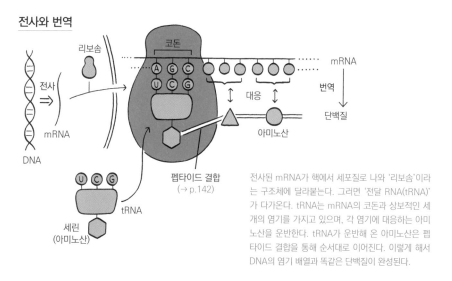

전사된 mRNA가 핵에서 세포질로 나와 '리보솜'이라는 구조체에 달라붙는다. 그러면 '전달 RNA(tRNA)'가 다가온다. tRNA는 mRNA의 코돈과 상보적인 세 개의 염기를 가지고 있으며, 각 염기에 대응하는 아미노산을 운반한다. tRNA가 운반해 온 아미노산은 펩타이드 결합을 통해 순서대로 이어진다. 이렇게 해서 DNA의 염기 배열과 똑같은 단백질이 완성된다.

메신저 RNA의 염기 배열이 아미노산에 결합해 옮겨지는 이 과정을 '번역'이라고 한다. 비유하자면 영어 단어를 순서대로 하나씩 우리말 단어로 바꿔 가는 것과 같다. 다만 실제 번역을 할 때는 영문에서 우리말로 옮길 때 문장 안에서 단어의 순서가 바뀌곤 하지만, 이 과정은 단어 순서 그대로 옮겨 놓는, 극단적인 직역이라 할 수 있다.

세포 분열·생식

【 Cell division·Reproduction 】

생물이 계속해서 세대를 거듭해 나갈 수 있는 것은
성장해서 몸을 키우고 자손을 남길 수 있는 정교한 장치를 갖추었기 때문이다.

Physics ｜ Electricity ｜ Chemistry ｜ Biology ｜ Geography ｜ Cosmology

게놈 복제

생물이 성장할 때는 몸을 만드는 세포(체세포)가 저마다 두 개로 분열해 세포 수가 불어난다. 이때 어머니 쪽과 아버지 쪽의 유전 정보가 담긴 게놈(→ p.144) 두 세트를 전부 복제해야 한다.

복제의 얼개

DNA를 복제할 때는 연결된 두 줄의 사슬을 풀면서 'DNA 중합 효소(→ p.160)'가 각각의 사슬에 새롭게 상보적(→ p.146)인 사슬을 만든다. 그러면 최종적으로 완전히 똑같은 두 개의 DNA가 만들어진다.

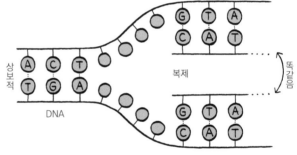

체세포 분열

'미세 소관'이라는 실 같은 구조물이 복제된 DNA를 잡아당기면 세포막이 점점 잘록해지다가 이윽고 세포가 두 개로 갈라진다. 이것이 '세포 분열'이다. 새롭게 생긴 두 개의 세포에는 원래 세포와 완전히 똑같은 게놈이 두 세트 모두 들어 있다.

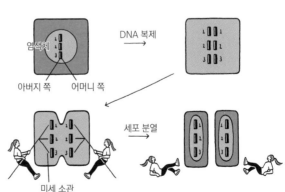

감수 분열

정자나 난자처럼 다른 세포와 접합해 새로운 개체를 형성하는 생식 세포를 '배우자'라고 한다. 후손을 남기기 위해 배우자를 만들 때도 세포 분열이 일어난다.

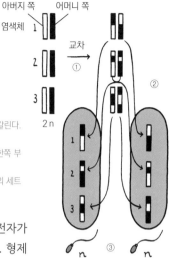

감수 분열의 구조

① 아버지 쪽에서 온 염색체와 어머니 쪽에서 온 염색체가 부분부분 엇갈린다. 이 현상을 '교차'라고 한다.
② 두 세트의 게놈이 복제되지 않은 채 두 개의 배우자로 나뉜다. 이때 한쪽 부모에게서 온 염색체가 어느 쪽 배우자로 가는지는 우연에 좌우된다.
③ 이렇게 만들어진 배우자는 게놈을 한 세트만 가지고 있다(n체). 게놈의 세트 수가 둘에서 하나로 감소하므로 이 현상을 '감수 분열'이라고 한다.

이 과정에 따라 아버지 쪽 유전자와 어머니 쪽 유전자가 적당히 뒤섞여 다양한 조합의 배우자가 만들어진다. 형제자매가 모두 붕어빵이 아닌 이유가 이 때문이다.

생식과 발생

생물이 자기와 닮은 후손을 만들어 종족을 유지하는 현상을 '생식'이라고 한다. 생식 과정에서 난자(n체)와 정자(n체)가 합체해 수정란(2n체)이 되는데, 이때 게놈이 합쳐져서 다시 두 세트가 된다. 수정란이 세포 분열을 거쳐 태아가 되는 과정을 '발생'이라고 한다.

생물의 발생

수정란은 처음에는 세포의 성장 없이 세포가 빠르게 분열하기만 하는 '난할' 과정을 거친다. 그렇게 해서 수십 개의 같은 세포가 모인 '상실배'가 되고, 상실배에서 발생이 더 진행되면 '포배'가 된다.
이렇게 분열된 각각의 세포가 피부 세포나 근육 세포 등 여러 종류의 세포로 변화하면서 더욱 분열되어 간다. 이를 '분화'라고 하며, 이때는 난할이 아닌 일반적인 세포 분열이 일어나 크기도 커진다. 이윽고 조직과 기관이 만들어지고 태아가 된다.

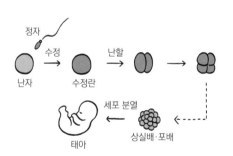

이렇게 암컷과 수컷 사이에서 후손이 생기는 것을 '유성 생식'이라고 한다. 인간을 포함한 많은 동식물이 유성 생식을 한다. 이와 달리 세균 등은 대부분 암수 구별 없이 '무성 생식'으로 후손을 늘린다.

진화

【Evolution】

진화론은 1859년에 영국의 생물학자 찰스 다윈이 《종의 기원》을 통해 체계화했다.
오늘날 그 이론은 완전히 증명되었다.
생물의 특징이나 짜임새는 모두 진화론을 바탕으로 설명할 수 있다.

생물은 점점 변화한다

생물의 생김새나 행동 방식과 같은 특징을 '형질'이라고 하며, 형질이 몇 세대에 걸쳐
변화해 가는 일을 '진화'라고 한다. 생물의 이 같은 변화는 신이 어떤 의도를 가지고 행하
는 일이 아니다. 단지 환경이나 다른 생물과의 관계 등에 영향을 받아 자연히 변해 갈 뿐
이다. 진화는 '변이'와 '선택(또는 도태)'이라는 두 가지 메커니즘이 어우러져 일어난다.

변이와 선택

감수 분열(→ p.149)로 배우자가 만들어
질 때 간혹 오류가 생겨 몇 가지 유전자가
달라진다. 그에 따라 일부 자손은 다른 자
손과 다른 형질을 갖고 태어난다(변이).
그 형질 때문에 어릴 때 목숨을 잃거나 번
식 상대를 찾지 못하면 달라진 유전자가
다음 세대로 이어질 수 없다(도태).
반대로 그 형질이 생존 능력이나 생식 능
력을 높여 주는 것이라면 달라진 유전자
는 더 많은 자손에게로 이어진다(선택). 몇
세대쯤 지나면 자손 대부분이 그 유전자를
가지게 되고, 변이가 일어나기 전의 유전
자는 어느새 자취를 감춘다.

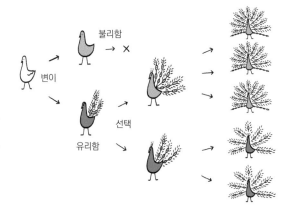

이렇게 해서 집단 전체의 형질이 변해 가는 일, 그것이 진화다.

말의 진화

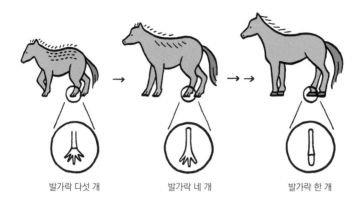

| 발가락 다섯 개 | 발가락 네 개 | 발가락 한 개 |

옛날에 말의 발가락은 다섯 개였다. 언젠가 변이로 인해 발가락을 네 개 가진 말이 태어났다. 그 형질이 생존과 번식에 유리했으므로 발가락을 네 개 가진 말이 점점 늘었고, 결국 모든 말이 발가락을 네 개 가지게 되었다. 같은 과정이 반복되어 발가락의 개수가 서서히 줄어들다가 지금은 모든 말이 발가락을 단 한 개만 가지게 되었다.

말의 발가락이 한 개인 이유, 공작이 거대한 장식 깃털을 가진 이유, 인간이 높은 지능을 가진 이유…… 이 모두가 변이와 선택이 몇 차례씩 반복되어 온 결과다.

생각지 못한 진화

그러나 생존이나 번식에 유리한 형질만 끊임없이 선택된다고는 장담할 수 없다. 특히 개체 수가 적은 집단에서는 유리한 형질을 가진 개체가 우연히 일찍 죽어 버릴 수도 있고, 불리한 형질을 가진 개체가 우연히 자손을 많이 남길 수도 있다. 그러다 보면 그 집단이 어떻게 진화할지 예측할 수 없게 된다. 이것을 '유전적 부동'이라고 한다. 마치 바다에 둥둥 떠 있는 부표가 어디로 흘러가 버릴지 알 수 없는 것과 같은 이치라고나 할까.

한 예로 태평양에 있는 어떤 섬에는 색맹 인구의 비율이 아주 높다. 이는 몇 안 되는 개척자 중에 색맹인 사람이 있었으며, 우연히 그 형질이 퍼져 버린 결과다. 이처럼 개체 수가 적으면 진화가 예상하지 못한 방향으로 흘러가서, 상황에 따라서는 종 자체가 전멸해 버리는 일도 일어난다. 야생 동물 보호를 위해서 어느 정도 이상 개체 수를 유지해야 하는 이유가 바로 이 때문이다.

호르몬·페로몬

【 Hormone·Pheromone 】

사람끼리는 주로 말로 의사를 전달한다. 그러나 말 못 하는 몸속의 기관들끼리
혹은 일부 생물끼리는 말 대신에 화학 물질을 이용해 의사소통을 한다.

Physics | Electricity | Chemistry | Biology | Geography | Cosmology

호르몬

그리스어 'hormone'은 '자극하다'라는 뜻을 지닌 단어다. 생물학에서는 몸의 한 부위에서 다른 부위로 지시 사항을 전달하는 화학 물질을 '호르몬'이라고 한다. 호르몬은 극히 미량으로도 제 역할을 다하는 기특한 물질인 동시에 제대로 분비되지 않으면 몸에 이상이 생기는 중요한 물질이다.

호르몬을 내보내는 기관을 '내분비 기관'이라고 한다. 내분비 기관 중 췌장이 나빠지면 인슐린을 원활하게 분비하지 못해 혈액 속의 당을 없애라는 지시가 제대로 전달되지

호르몬의 예

췌장은 혈당치가 오르는 것을 감지하면 인슐린이라는 호르몬을 분비한다. 인슐린을 받은 간이나 근육 등은 그 지시에 따라 혈액 속에 있는 당을 부지런히 없앤다. 이에 따라 혈당치가 일정하게 유지된다.

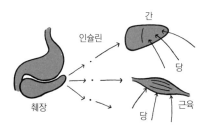

않는다. 그리하여 혈당치가 과도하게 올라가는 것이 바로 당뇨병이다.

호르몬에는 여러 종류가 있다. 각 호르몬에 지시를 내리는 기관(내분비 기관), 호르몬으로부터 지시를 받는 기관(표적 기관), 호르몬이 전달해야 할 지시 내용 등은 호르몬마다 다르다.

여러 가지 호르몬

종류	성장 호르몬	옥시토신	아드레날린	테스토스테론	에스트로젠
내분비 기관	뇌(뇌하수체)	뇌(시상하부)	신장(부신)	고환	난소
표적 기관	전신	자궁·유선	심장·혈관	전신	전신
지시 내용	세포 분열을 활발히 하라.	근육을 수축해라.	혈류를 늘려라.	남성적인 몸을 만들어라.	여성적인 몸을 만들어라.

플라스틱이나 페인트 등에는 호르몬과 비슷한 미량 물질이 들어 있다. 최근 들어 이 물질들이 우리 몸에 들어가서 내분비 기능을 교란하는 것이 아닐까 하는 목소리가 여기저기서 들려온다. 이런 물질을 '내분비 교란 물질' 또는 '환경 호르몬'이라고 부른다. 다양하게 연구를 진행하고 있지만, 그 영향이 어느 정도인지는 아직 정확히 밝혀지지 않았다.

페로몬

호르몬은 몸속에서 지시 사항을 전달하는 화학 물질이다. 이와 반대로 '페로몬'은 몸 바깥으로 방출되어 상대에게 지시 사항을 전달하는 화학 물질이다. 언어나 울음소리, 행동 대신에 페로몬이라는 화학 물질을 내보내 상대에게 정보를 전달하는 것이다. 페로몬도 극히 미량으로 효과를 발휘한다.

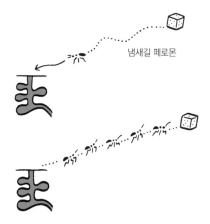

냄새길 페로몬

페로몬의 예

개미는 먹이를 발견하면 냄새길 페로몬을 뿌리면서 집으로 돌아온다. 그러면 다른 개미들이 냄새길 페로몬을 이정표 삼아 먹이가 있는 곳을 찾아간다.

페로몬에도 여러 종류가 있다. 예를 들어 암컷 누에나방은 성적으로 성숙하면 성페로몬을 여기저기 퍼뜨린다. 수컷은 이것을 감지해 암컷에게 다가간다. 또 말벌은 공격을 받으면 경보 페로몬을 뿜어내서 동료들에게 전투태세를 취하도록 지시한다.

인간은 언어 능력을 발달시킨 덕분에 굳이 페로몬에 의지할 필요가 없어져서 페로몬을 내뿜거나 감지하는 능력을 잃은 것으로 여겨졌다. 그러나 최근 들어 인간에게도 페로몬이 있는 것으로 짐작되는 몇 가지 사실이 드러나고 있다. 가령 여성이 다른 여성의 겨드랑이 냄새를 맡으면 월경 주기가 변한다고 한다. 그러나 정확히 어떠한 물질이 어떠한 메커니즘으로 작용하는지는 앞으로 밝혀내야 할 연구 과제로 남아 있다.

면역·백신·알레르기

【 Immunity·Vaccine·Allergy 】

이 세상에 완전 무균 상태에서 살아가는 생물이 있을까?
생물은 일상적으로 여러 침입자에게 공격을 받는다.
그래서 방어 장치가 대단히 중요하다.

생물의 방어 체계

몸에 병원균 따위의 이물이 침입하면 이를 물리치기 위해 '면역'이 작용한다. '면(免)'은 '모면하다'는 뜻이고 '역(疫)'은 '역병'을 뜻하므로, 면역이란 '병에 걸리는 일을 모면한다'는 의미다. 면역 체계는 크게 두 단계로 이루어지며, 다양한 세포들이 협조해 작용한다.

면역의 작용

1단계(선천 면역): 대식 세포, 호중구, 호산구[7]가 침입한 병원균을 잡아먹는다.
2단계(후천 면역): 수지상 세포가 병원균의 단백질 중 일부분(항원)을 세포 표면으로 내보내 도움 T세포에게 건넨다.
→ 항원을 건네받은 도움 T세포는 '사이토카인'이라는 물질을 내보내서 살생 T세포와 B세포에게 공격 지시를 내린다.
→ 지시를 받은 살생 T세포는 병원균이나 감염된 세포를 공격해서 죽인다.
→ B세포는 항원을 건네받아 '면역 글로불린'[8]이라는 분자와 합성해 항체를 생산한다.
→ 항체가 병원균에 달라붙어서 죽인다.
→ 항원을 건네받은 B세포는 분열해서 또다시 항체를 생산한다.

선천 면역은 몸속으로 침입한 병원균에 닥치는 대로 달려든다. 이와 달리 후천 면역은 항원을 표적 삼아서 목표물을 정한 다음 효율적으로 병원균을 공격한다. 이때 한번 인식한 병원균의 정보를 기억해 두었다가 다음에 같은 병원균이 침입했을 때 바로 공격을 시작한다.

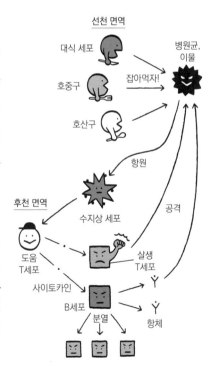

선천 면역

대식 세포

호중구

호산구

병원균, 이물

잡아먹자!

항원

후천 면역

수지상 세포

공격

도움 T세포

사이토카인

살생 T세포

B세포

분열

항체

백신

후천 면역 체계를 이용해 병원균에 대한 저항성을 높이는 데 사용하는 것이 '백신'이다.

면역을 이용하는 예방 접종

병원성을 잃은 풍진 바이러스를 접종하면 풍진 바이러스를 인식하고 공격하게 하는 정보가 B세포에 저장된다. 그러면 훗날 병원성을 가진 풍진 바이러스가 침입하더라도 공격 체계가 바로 작동해서 병원균을 물리칠 수 있다.

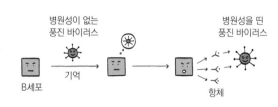

항간에는 백신이 위험하다는 의견이 있지만 뚜렷한 과학적 증거는 없다. 오히려 백신을 접종하지 않아서 감염병에 걸리고 다른 사람에게까지 병을 옮긴다면, 그게 더 위험한 행동이 아닐지 생각해 볼 일이다.

알레르기

면역이 너무 과민하게 작용해서 몸에 나쁜 영향을 끼치는 것이 '알레르기'다. 꽃가루 알레르기는 꽃가루에 대한 면역이 과민해서 일어나는 알레르기의 일종이며, 아토피 피부염은 피부에 일어나는 알레르기의 일종이다.

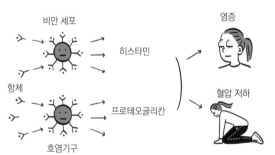

면역 시스템의 폭주

항체가 과도하게 생성되면 비만 세포나 호염기구(백혈구의 하나)에 달라붙어서 '히스타민'이나 '프로테오글리칸' 같은 물질을 대량으로 방출하게 된다. 이 물질들이 염증이나 혈압 저하 등의 문제를 일으킨다.

알레르기 중에서도 심한 쇼크 증상처럼 특히 과민하게 증상을 일으키는 것을 '아나필락시스'라고 한다. 벌에 쏘이거나, 체질에 맞지 않는 약을 먹거나, 자신과 다른 혈액형의 피를 수혈하는 등 여러 계기로 발생할 수 있다. 아나필락시스는 생명과 직결되는 문제이므로 증상이 나타나면 한시라도 빨리 처치해야 한다.

클론·iPS 세포

【 Clone·iPS cell 】

여러 불치병을 극복하게 도와줄 기술인가, 인간이 손대서는 안 될 자연의 순리인가?
유전자와 줄기세포 연구를 둘러싼 의견이 분분하다.
어떠한 메커니즘인지, 그 얼개를 함께 살펴보자.

클론

하나의 개체를 만드는 모든 세포는 완전히 똑같은 게놈(→ p.144)을 가지고 있다. 그러므로 어떤 개체로부터 추출한 세포를 사용해서 새로운 개체를 만들면 두 개체는 완전히 똑같은 게놈을 가지게 된다. 그것이 '클론'이다.

나무를 꺾꽂이하면 나무의 클론이 만들어진다. 그리스어 'klon'은 '잔가지'라는 뜻이기도 하다. 하지만 인간과 같은 고등 동물의 체세포는 근육 세포나 신경 세포 등 다양한 종류로 분화(→ p.149)했기 때문에 새로운 개체를 만들기 위해서는 난자처럼 아직 분화하지 않은 세포가 필요하다. 따라서 백지상태에서 체세포부터 시작해 새로운 개체를 만들기란 불가능하다.

클론을 만드는 방법

고등 동물의 클론을 만들기 위해서는 먼저 난자에서 핵을 제거해야 한다. 그런 다음, 이 난자에 체세포에서 떼어낸 핵을 넣어 준다. 이렇게 해서 체세포의 게놈을 가진 미분화 세포가 만들어지고, 이것으로 클론을 만들 수 있다.

(미분화)

체세포 게놈을 가진 핵

핵

클론

체세포
(분화)

핵을 제거한 난자
(미분화)

이 방법으로 1996년에 세계 첫 복제 양 '돌리'가 태어났다. 그 후로 소와 개 등 많은 포유류 클론이 만들어지고 있다. 논리상으로는 인간도 복제할 수 있지만, 실제로 복제하는 일에는 윤리적인 문제가 꽤 많이 따를 것이다.

iPS 세포

본인의 체세포를 사용해서 장기를 복제해 손상된 장기와 바꿀 수 있다면 다양한 병을 치료할 수 있을 것이다. 그러려면 이미 분화된 체세포를 일단 미분화 상태로 되돌렸다가 (초기화) 다시 분화시켜서 원하는 종류의 세포를 만들어야 한다.

iPS 세포를 만드는 법

2006년에 일본 교토 대학의 야마나카 신야 교수가 체세포에 네 개의 유전자를 주입하면 초기화가 일어나는 것을 발견했다. 이때 체세포에 주입하는 유전자를 '야마나카 인자'라고 부르며, 이 과정을 거쳐 만들어지는 세포가 'iPS 세포'다. iPS 세포를 배양하면 여러 종류의 세포로 분화한다.

iPS 세포라는 이름은 'induced pluripotent stem cell'의 머리글자를 딴 것으로, '인공 다능성 줄기세포' 또는 '유도 만능 줄기세포'로 번역된다. '인공적으로 만든, 여러 가지 세포로 분화하는 근본적인 세포'라는 뜻이다. 참고로 'i'를 굳이 소문자로 쓴 까닭은 'iPhone'이나 'iPod' 등을 닮고 싶었기 때문이라고 한다.

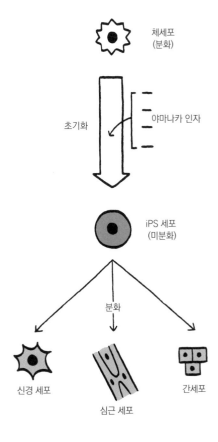

현재 iPS 세포를 사용해 장기를 만들거나 개개인에 맞춘 주문 제작 약품을 개발하는 등의 연구가 한창 진행되고 있다. 야마나카는 2012년에 노벨 생리의학상을 받았다(영국의 존 거든과 공동 수상). 연구 결과 발표로부터 불과 6년 만에 수상으로 이어진 사례는 노벨상에서도 이례적인 일이어서, iPS 세포를 향한 주목도를 새삼 실감하게 한다.

유전자 조작·유전체 편집

【Gene manipulation·Genome editing】

생물의 유전체(게놈)를 인간의 입맛에 맞게 바꿀 수 있는 기술이
어느 정도 완성되었다. 바르게 이용한다면 인류에 크게 공헌하겠지만,
한 걸음만 잘못 디뎌도 위험한 사태를 불러일으킬 수 있다.

유전자에 손대다

원하는 유전자(→ p.144)를 세포에 집어넣거나 불리한 유전자가 작용하지 못하도록 만
드는 일을 '유전자 조작'이라고 한다.

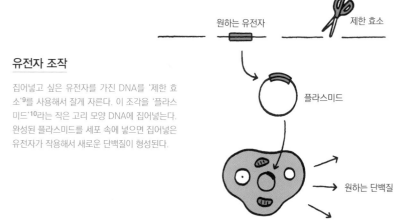

유전자 조작

집어넣고 싶은 유전자를 가진 DNA를 '제한 효
소'9를 사용해서 잘게 자른다. 이 조각을 '플라스
미드'10라는 작은 고리 모양 DNA에 집어넣는다.
완성된 플라스미드를 세포 속에 넣으면 집어넣은
유전자가 작용해서 새로운 단백질이 형성된다.

원하는 유전자

제한 효소

플라스미드

원하는 단백질

이미 유전자 조작을 통해서 농약이나 병해충에 강한 감자와 옥수수, 영양가 높은 대두
와 쌀 등을 생산하고 있다. 이런 유전자 변형 작물이 인체와 환경에 위험하다는 설도 있
으나 아직 뚜렷하게 밝혀진 증거는 없는 모양이다.

새로운 유전자 조작 방법

　종래의 유전자 조작에 쓰이는 제한 효소는 DNA의 어느 지점을 자를 것인지 섬세하게 지정할 수 없어서 의도치 않게 여러 군데가 잘린다. 그래서 원하는 유전자를 주입하는 데 시행착오가 꽤 생기고, 상상하지 못한 나쁜 결과가 나타날 우려도 있다. 이에 여러 과학자가 연구를 계속해 2014년, 미국 브로드 연구소의 장펑 교수와 캘리포니아 대학교(버클리)의 제니퍼 다우드나, 에마뉘엘 샤르팡티에 교수가 새로운 방법을 고안해 냈다. 생물의 면역 시스템인 '크리스퍼'와 절단 단백질 '캐스나인(Cas 9)'을 활용함으로써 DNA를 자르는 지점을 더욱 정밀하고 자유롭게 지정할 수 있게 된 것이다. 이 방법을 '크리스퍼 캐스나인' 기술이라고 한다.

유전체 편집

① DNA에서 자르고 싶은 지점의 염기 배열과 상보적인 '가이드 RNA (gRNA)'를 인공적으로 합성한다.
② 합성한 gRNA와 Cas 9이라는 효소를 함께 세포 속에 넣는다.
③ 그러면 gRNA와 Cas 9이 조합되어 DNA의 자르고자 하는 부위에 정확하게 들러붙어서 Cas 9이 DNA를 절단한다.

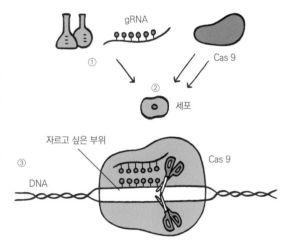

　특정한 유전자가 작용하지 않게 하려면 이 방법을 이용해 그 유전자 부위의 DNA를 잘라 버리면 된다. 반대로 원하는 부위에 새로운 유전자를 주입하고 싶다면 그 부위에 틈을 만들어 새로운 유전자를 넣어 주면 된다.
　이러한 유전자 조작 방법은 유전체(→ p.144)를 자유자재로 편집할 수 있는 특징이 있어 '유전체 편집'이라고 불리게 되었다. 유전체 편집으로는 유전병을 예방하거나 체내에 침입한 바이러스를 무력하게 만들 수 있다. 이 같은 장점 때문에 현재 이 분야의 연구가 매우 활발하다. 그러나 이 기술을 잘못 이용한다면 윤리적으로 중대한 문제를 일으킬 수 있는 만큼 늦기 전에 확실한 지침을 마련해야 할 것이다.

텔로미어

【Telomere】

젊은 모습 그대로 오래 살고 싶은 욕망은 누구에게나 있을 것이다.
어쩌면 그 열쇠를 쥐고 있을지도 모를 무언가가 게놈(유전체) 안에 존재한다.

세포 분열의 쿠폰 북

인체의 세포는 계속해서 새로 태어나고 죽는다. 세포는 오랫동안 살아 있으면 작용이 약해지거나 오히려 신체에 해를 미치게 된다. 그래서 시간이 지나면 스스로 파괴되도록 설계되어 있다. 이를 '세포 예정사'라고 한다. 특히 위나 장의 세포는 다른 장기의 세포보다 더 혹사당하기 때문에 하루 정도면 죽고 새로운 세포로 교체된다. 적혈구는 수개월, 뼈를 만드는 세포는 10년가량 산다.

생명을 다한 세포를 대체할 새로운 세포는 세포 분열을 통해 만들어지는데, 그때 작용하는 효소인 DNA 중합 효소에는 작은 결점이 있다.

DNA 분열의 결점

DNA 말단에는 TTAGGG라는 염기 배열이 50~100세트 정도 반복해서 이어져 있다. 이 부분을 '텔로미어'라고 한다. 그리스어 'télos'는 '말단', 'méros'는 '부분'을 뜻한다. 즉, 텔로미어는 '말단 부분'이라는 뜻이다.

DNA 중합 효소는 DNA 사슬을 당겨 가면서 DNA를 복제해 나가는데, 중합 효소가 맨 처음에 매달리는 가장 끝의 TTAGGG 부분은 복제가 불가능하다. 그 때문에 세포 분열 후 새롭게 태어난 세포는 TTAGGG가 한 세트 적다.

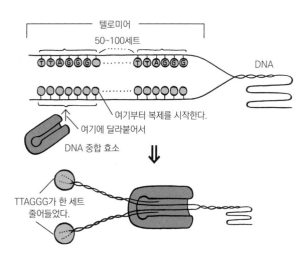

텔로미어
50~100세트
TTAGGG ……… TTAGGG
DNA
여기부터 복제를 시작한다.
여기에 달라붙어서
DNA 중합 효소

TTAGGG가 한 세트 줄어들었다.

이 때문에 세포 분열을 통해서 새로운 세포가 만들어질 때마다 텔로미어가 조금씩 짧아진다. 그러다가 최종적으로 텔로미어가 사라지면 중합 효소가 매달릴 곳이 없으므로 더는 세포가 분열할 수 없다. 비유하자면 텔로미어는 사용할 수 있는 횟수가 정해져 있는 쿠폰 북 같은 것이어서 세포가 분열할 때마다 쿠폰을 한 장씩 떼어내 사용하는 것과 같다. 따라서 쿠폰을 다 뜯어 쓰고 나면 세포 분열도 끝난다.

텔로미어와 노화

세포가 분열하지 않게 된 장기는 점점 노쇠해 간다. 그러다 마침내 온몸의 세포가 분열하지 않게 되면 죽을 수밖에 없다. 따라서 텔로미어가 생명체의 노화와 수명의 열쇠를 쥐고 있을 것으로 추정된다.

노화

어린아이와 노인의 세포를 비교하면 텔로미어 길이가 다르다. 또 수명이 1~2년인 생쥐의 경우 텔로미어의 반복 배열이 약 10세트지만, 100년 이상 장수하는 코끼리거북은 이 배열이 100세트에 가깝다.

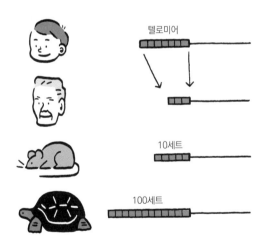

텔로미어

10세트

100세트

난자나 정자가 만들어질 때는 텔로머레이스라는 효소가 작용해 텔로미어가 길게 늘어난다. 세상에 태어날 아이를 위해서 텔로미어가 긴 DNA를 준비하는 것이다. 일반적으로 체세포에 텔로머레이스가 작용하는 일은 없지만,[11] 만약 인공적으로 텔로미어를 늘릴 수 있다면 불로장생의 꿈이 현실이 될지도 모른다.

Physics — Electricity — Chemistry — Biology — Geography — Cosmology

자가 포식

【 Autophagy 】

'자가 포식' 작용이 세상에 알려진 지는 50년이 넘었지만,
생리학과 의학에서 자가 포식을 중요하게 다루기 시작한 것은 비교적 최근의 일이다.
미래에는 자가 포식을 이용해 불치병을 치료하는 날이 올지도 모른다.

세포 쓰레기 처리반

세포 속에서는 다양한 세포 소기관(→ p.134)과 단백질 등이 부지런히 일하고 있다. 그러나 이들은 일하는 동안 서서히 손상되어 결국에는 성가신 쓰레기가 되거나, 더 나아가면 악행을 일삼기도 한다. 그래서 세포에는 손상된 세포 소기관이나 단백질을 청소하고 재활용하는 장치가 갖춰져 있다.

자가 포식의 원리

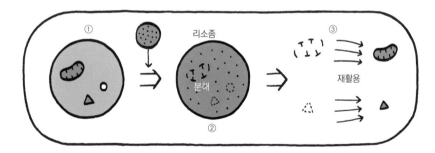

① 손상된 세포 소기관이나 단백질이 막에 둘러싸인다.
② 분해 효소가 들어 있는 '리소좀'이라는 주머니가 합세해서 손상된 세포 소기관이나 단백질을 분해한다.
③ 아미노산 등으로 낱낱이 분해된 재료들은 재활용되어 새로운 세포 소기관이나 단백질을 합성하는 데 쓰인다.

이 원리를 '자가 포식' 또는 '오토파지'라고 한다. 영어 'auto'는 '스스로', 'phagy'는 '먹는다'는 뜻이므로 오토파지는 '세포가 자신의 일부를 먹어 분해한다'는 뜻이 된다. 이를 한자어로 조합한 단어가 자가 포식이다.

생명체의 자가 포식 작용이 세상에 널리 알려지고, 많은 사람이 관심을 기울이게 된 것은 일본의 생물학자 오스미 요시노리 교수가 자가 포식 현상을 집중적으로 연구하면서부터다. 오스미는 1988년에 자가 포식이 이루어지는 현장을 현미경으로 처음 관찰했고, 나아가 1993년에는 자가 포식에 필요한 열네 개의 유전자를 발견했다. 그리고 2016년, 자가 포식 현상을 규명한 공로로 노벨 생리의학상을 받았다.

자가 포식의 다양한 쓰임

자가 포식은 세포가 굶주림을 견디는 데 도움을 준다. 신체에 영양분이 결핍되어 세포 소기관이나 단백질을 만드는 재료가 부족해지면 세포는 자가 포식 작용을 활발하게 해서 순조롭게 재활용해 나간다. 그렇게 해서 생존에 꼭 필요한 세포 소기관과 단백질을 계속해서 만들어 간다.

또한 세포 속에 들어온 침입자를 제거하는 면역(→ p.154) 작용에도 자가 포식이 관계한다. 침입자를 막으로 둘러싸서 분해해 버리는 것이다.

나아가 노화에도 자가 포식이 관계하는 것으로 알려져 있다.

자가 포식과 알츠하이머병

신경 세포가 노화되면 자가 포식 작용이 약해져서 '아밀로이드 베타(β)'라는 해로운 단백질이 점점 쌓인다. 이 때문에 생기는 것이 노인성 반점이다. 이름은 '반점'이지만 피부에 생기는 점이 아니라 뇌 속에 생기는 검고 작은 덩어리를 가리킨다. 이것이 아마도 알츠하이머병의 원인일 것으로 추정된다.

노인성 반점

아밀로이드 β

뇌세포

알츠하이머병 외에도 신체의 자가 포식 기능이 제대로 작동하지 않으면 파킨슨병, 당뇨병, 기타 노인병 등에 걸릴 가능성이 큰 것으로 알려져 있다. 또 자가 포식 유전자에 돌연변이가 일어나면 유전병에 걸릴 수 있으며, 자가 포식 기구에 장애가 생기면 암에 걸릴 수도 있다.

오늘날 전 세계에서 자가 포식 기능을 활성화해 병을 치료하는 연구가 활발히 진행되고 있다. 한편에서는 평소에 양이 덜 차도록 소식을 하면 세포가 적당히 굶주려서 자가 포식이 활발해지고 노화 진행이 억제된다는 설도 있다.

바이오매스

【 Biomass 】

최근 환경 보호나 에너지 문제와 관련해서 주목받고 있는 '바이오매스'.
기존 연료의 대안으로 떠오르고 있지만, 장점만 넘치는 것은 아니다.
바이오매스 연료의 장단점을 함께 살펴보자.

바이오매스의 본래 의미

영어 'bio'는 '생물'을 뜻하고, 'mass'는 '양'이라는 뜻이므로 '바이오매스'를 직역하면
'생물량'이 된다. 원래 이 용어는 어떤 장소에 사는 생물의 총 중량을 가리키는 말이다. 예
를 들어 생물의 보고로 불리는 열대 우림에는 1m²당 평균 45kg의 생물이 살고 있다. 이
와 달리 사막에는 거의 생물이 살지 않으므로 1m²당 생물량은 100g에도 못 미친다.

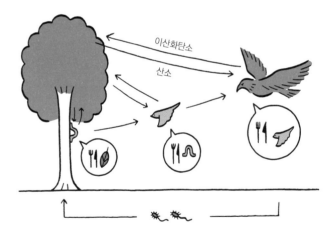

생태계의 순환

생태계에서 생물은 다른 생물
에 연쇄적으로 잡아먹힌다.
이것이 먹이 사슬이다.
잡아먹히지 않고 그냥 죽으면
미생물의 작용으로 썩어 흙이
되고, 그것이 또다시 식물의
영양분이 된다.
동물은 산소를 들이마시고 이
산화탄소를 뱉지만, 식물은
이산화탄소를 흡수하고 산소
를 내보낸다.

이처럼 생물을 만드는 물질이 늘 순환하는 덕분에 생물량은 거의 일정하게 유지된다.
이 순환이 올바르게 이루어질 때 생태계가 안정된다. 그러나 삼림을 벌채하거나 인간의
활동으로 말미암아 이산화탄소가 대량으로 배출되는 등 다른 사건이 개입하면 이 순환
의 균형이 흐트러져 생태계가 무너질 수도 있다.

바이오매스 연료의 장점

석유나 석탄 같은 화석 연료는 사용하는 양만큼 줄어서 결국은 고갈되어 버린다. 그와 달리 생물에서 유래하는 물질은 연료로 사용하더라도 이내 자연히 늘어나서 양이 원래대로 돌아온다. 그래서 최근에는 이러한 생물 자원 또한 '바이오매스'라고 불리며 기존 연료의 대안으로 관심을 끌고 있다. 가축의 분뇨에서 발생하는 메테인 가스나 옥수수 등에서 추출한 에탄올 등은 바이오매스 연료로 이미 실용화되었다.

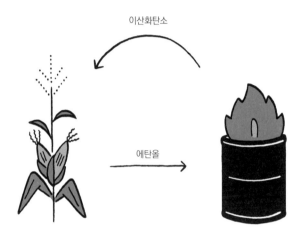

이산화탄소

에탄올

탄소 중립

바이오매스도 태우면 이산화탄소가 발생한다. 그러나 그 이산화탄소는 식물의 광합성에 사용되어 생태계를 순환하므로 이론상으로는 지구 전체의 이산화탄소 양이 늘어나는 일은 없을 것으로 보인다. 이것을 '탄소 중립'이라고 한다. '이산화탄소를 늘리지도 줄이지도 않는 중립'이라는 뜻이다.

바이오매스 연료의 문제점

바이오매스 연료의 장점이 알려지면서 미국이나 브라질 등에서는 한때 바이오매스 연료용 작물을 재배하는 곳이 급격히 늘었다. 그러자 그만큼 식품이나 사료 생산을 위한 작물 수확량이 줄어서 식량 부족과 식품 가격 급등 같은 부작용이 발생하기도 했다. 각국 정부의 바이오매스 연료 추진 정책도 이런 상황을 부추기는 데 한몫했다. 어떤 환경 대책이든지 무턱대고 실행에 옮기기보다는 장단점을 정확히 따져서 현명하게 결정하는 것이 먼저다.

인과관계와 상관관계

이것과 저것, 어떤 관계일까?

간혹 '파출소를 늘리면 범죄가 늘어난다'거나 '아침밥을 먹으면 성적이 좋아진다'는 둥, '혈액형이 O형인 사람은 교통사고를 더 잘 일으킨다'는 둥 황당한 이야기를 들어본 적이 있을 것이다. 구체적인 수치나 그래프까지 곁들여 가며 이야기하는 것을 듣다 보면 정말 과학적으로 증명된 일인 듯 착각하게 된다. 그러나 속지 말자. 이는 '인과관계'와 '상관관계'를 혼동하게 하려는 음모일 뿐이다.

인과관계란 글자 그대로 원인과 결과의 관계라는 뜻이다. 가령 '열심히 공부하면 좋은 대학에 들어갈 수 있다'는 것은 인과관계다. '열심히 공부한다'라는 원인이 학업 능력을 향상시켜 '좋은 대학에 들어갈 수 있다'라는 결과를 가져다주므로 우리는 이를 합리적으로 설명할 수 있다.

한편 상관관계란 여러 데이터 중 무언가가 변하면 그에 따라 다른 요소도 변한다는 뜻이다. 여기에는 논리가 상관이 없다. 앞에서 예로 든 공부와 대학의 관계는 인과관계인 동시에 상관관계이기도 하다. 공부한 양이 많을수록 좋은 대학에 들어갈 가능성도 커진다. 이처럼 인과관계가 성립하는 것은 반드시 상관관계도 성립한다. 그러나 상관관계가 성립한다고 해서 반드시 인과관계가 성립하는 것은 아니다. 즉, 데이터만 보면 어쩐지 관계가 있어 보이지만, 실제로는 원인과 결과의 관계가 아닌 경우가 많다. 바로 이 점이 예상하지 못한 함정이다. 하나씩 예를 들어가며 살펴보자.

먼저 '파출소를 늘리면 범죄가 늘어난다'는 말은 사실일까? 데이터를 모아 보면 당연히 파출소가 많이 있는 지역일수록 범죄 건수가 많다. 따라서 상관관계가 성립한다. 그러나 과연 '파출소를 늘린' 원인이 '범죄가 늘어나는' 결과를 초래했을까? 그렇지 않다. 이 경우는 그 지역에서 범죄가 자주 일어났기 때문에 파출소를 많이 설치했다고 볼 수 있다. 즉, 원인과 결과가 뒤바뀐 경우다.

다음으로 '아침밥을 먹으면 성적이 좋아진다'는 말을 살펴보자. 데이터만 놓고 보면 아침밥을 먹는 아이들이 더 성적이 좋은 모양이다. 즉, 상관관계가 성립한다. 그러나 '아침밥을 먹는다'는 원인이 '성적이 좋아지는' 결론을 끌어내지는 않았을 것이다. 아

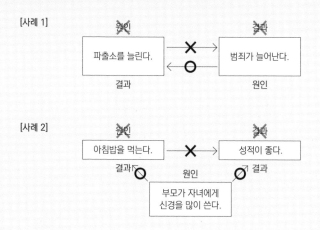

[사례 1]

파출소를 늘린다. ✕→ 범죄가 늘어난다.
←O
결과   원인

[사례 2]

아침밥을 먹는다. ✕→ 성적이 좋다.
결과 O   원인   결과
부모가 자녀에게
신경을 많이 쓴다.

침에 일찍 일어나서 밥을 먹고 학교에 가는 아이들에게는 '부모가 자녀에게 신경을 많이 쓴다'거나 하는 다른 원인이 작용했을 수 있다. 바로 이 원인에 따라 '아침밥을 먹는다'와 '성적이 좋다'라는 두 가지 결과가 나타난 것이라고 볼 수 있다. 즉, 데이터에 드러나지 않는 다른 원인이 작용해서 상관관계가 성립했다는 뜻이다. 이러한 경우를 '허구적 상관'이라고 한다.

세 번째, '혈액형이 O형인 사람은 교통사고를 더 잘 일으킨다'는 말은 단순한 우연일 확률이 높다. 사람의 성격과 재능이 혈액형과 아무 상관이 없다는 것은 이미 과학적으로 증명되었다. 세상에는 방대한 종류의 데이터가 있다. 그중에서 의미 없는 단순한 우연으로 상관관계가 성립하는 데이터를 찾아내는 일은 마음만 먹으면 얼마든지 할 수 있다. 혈액형 이야기도 그런 사례 중 하나다. 당연히 인과관계는 성립하지 않는다.

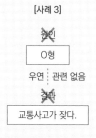

[사례 3]

원인
O형
우연 관련 없음
결과
교통사고가 잦다.

이 세 가지 사례는 너무도 명백하게 틀린 말이어서 잘못 휘둘릴 사람이 별로 없을 것이다. 그러나 세상에는 아주 교묘하게 진짜처럼 꾸민 이야기들도 많다. 인과관계가 없는 데이터를 흡사 인과관계가 있는 것처럼 꾸며서 돈벌이를 꾀하거나 자신의 사상을 밀어붙이는 사람들이 여기저기에서 활개 치고 있다. 특히 건강, 사회 문제, 교육, 식품 안전, 방사능 문제처럼 많은 사람이 관심을 기울이고, 또 어떻게든 해결하고 싶어 하는 주제라면 더욱 세심한 주의가 필요하다. 명심하자. 상관관계가 있다고 해서 반드시 인과관계가 성립하는 것은 아니다. 상대방이 그럴싸해 보이는 데이터를 제시하더라도 곧이곧대로 믿기 전에 정말로 인과관계가 있는지 냉정하게 생각해 보자.

1 생물체 가운데 가장 미세하고 하등에 속하는 단세포 생활체를 세균이라고 한다. 다른 생물체에 기생해 병을 일으키기도 하고 발효나 부패 작용을 하기도 해서 생태계의 물질 순환에 중요한 역할을 한다. 구조는 엽록체와 미토콘드리아가 없이 세포막과 원형질만으로 간단하게 이루어져 있으며, 맨눈으로는 볼 수 없다. 공 모양, 막대 모양, 나선 모양 따위가 있다. 세균 중에서 세포벽에 펩티도글리칸이라는 성분이 포함되지 않은 것을 고세균 또는 원시 세균이라 한다.

2 담배 모종에 생기는 병으로, 잎에 모자이크 모양의 반점이 생기고 기형적으로 오그라들다가 말라서 죽는다.

3 동물의 여러 조직에서 산소 없이 포도당을 분해하여 에너지를 얻는 대사 과정.

4 아미노산, 지방, 탄수화물 따위가 분해되어 발생한 유기산이 호흡을 통해 산화하는 경로. 영국의 생물학자 한스 아돌프 크레브스가 발견해서 '크레브스 회로'라고 부르기도 한다.

5 호흡할 때 생긴 수소 이온이 미토콘드리아 속의 효소들과 접촉한 후에 산소와 결합해 물이 되는 과정.

6 리케차를 병원균으로 하고, 이(虱)에 의해 전염되는 급성 전염병. 겨울에서 봄에 걸쳐 발생하는데 잠복기는 13~17일이다. 발병하면 갑자기 몸이 떨리며 오한이 나고, 40℃ 내외의 고열이 계속되어 의식을 잃으며, 온몸에 붉고 작은 발진이 생긴다.

7 대식 세포, 호중구, 호산구는 모두 백혈구의 종류다. 대식 세포는 혈액, 림프, 결합 조직에 있는 백혈구의 하나로, 둥글고 큰 한 개의 핵을 지니고 있다. 침입한 병원균이나 손상된 세포를 먹어치워 면역 기능 유지에 중요한 역할을 한다. 호중구는 급성 염증에서 중심적 구실을 하며, 호산구는 알레르기와 천식에 관련된 여러 작용을 조절한다.

8 면역 글로불린은 항체의 본체로, 모든 척추동물의 혈청과 체액 속에 들어 있다. 다섯 가지 종류가 있으며 각각 특이한 기능이 있어 어떤 것은 A형 간염 예방용으로 주사하기도 한다.

9 DNA의 특정 염기 배열을 식별하여 절단하는 효소. 세포에 침입하는 외래 DNA를 판별하고 절단해 제거하는, 세균의 자기방어 기구다.

10 세균의 세포 내에 염색체와는 별개로 존재하면서 독자적으로 증식할 수 있는 DNA로, 고리 모양을 띠고 있다. 세균의 생존에 필수적인 유전자는 아니다.

11 체세포와 달리 생식 세포와 암세포에서는 텔로머레이스가 분비되어 텔로미어가 줄지 않는다.

지구과학

Geography

최근 기후 변화로 인한 이상 기후 현상이 지구촌 곳곳에서 나타나고 있다. 비정상적인 한파나 된더위가 기승을 부리는가 하면, 홍수나 가뭄, 폭설 등으로 큰 피해가 발생하기도 한다. 또 지진이나 쓰나미, 화산 분화 같은 대규모 재난으로 삶의 터전을 잃어버린 사람도 많다. 인간의 힘으로 이런 재해들을 근원적으로 막을 수는 없겠지만, 피해를 줄이기 위한 노력은 할 수 있다. 지질과 기상 등을 다루는 학문인 지구과학이 우리의 안전을 지키는 데 도움을 줄 것이다.

저기압·고기압

【 Low pressure system·High pressure system 】

일기 예보에 빠지지 않고 등장하는 단어 '저기압'과 '고기압'.
기압의 개념을 바로 알면 날씨를 이해하기가 한결 수월하다.
기상 캐스터의 해설을 들으면서 자기도 모르게 연신 고개를 끄덕일지도 모른다.

기압과 바람

대기의 압력을 뜻하는 말 '기압'. 기압이 높다는 말은 그 장소에 공기가 많다는 뜻이고, 반대로 기압이 낮다는 말은 그 장소에 공기가 적다는 뜻이다. 그래서 공기는 기압이 높은 곳에서 낮은 곳으로 흐른다. 그러므로 바람도 기압이 높은 곳에서 낮은 곳으로 분다.

기압은 '헥토파스칼(hpa)'이라는 단위로 나타낸다. 평지의 평균 기압은 약 1,000hpa이다. 기상도에 그려진 등압선은 '이 선이 지나가는 지점의 기압은 ○○○hpa입니다'라는 뜻이다. 등압선은 기압이 같은 지점을 선으로 연결한 것이므로 같은 선상에서는 어디나 기압이 같고, 다른 등압선이 지나가는 곳은 기압이 다르다.

기상도의 등압선 간격이 좁은 곳은 기압 차이가 크다는 뜻이다. 따라서 바람이 세게 분다. 반대로 등압선 간격이 넓은 곳은 기압 차이가 적어서 바람이 약하게 분다.

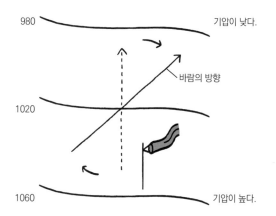

980
기압이 낮다.
바람의 방향
1020
1060
기압이 높다.

등압선과 바람

왼쪽 그림과 같은 등압선 분포를 보이는 지역이 있다면, 가운데 등압선을 기준으로 북쪽은 기압이 1,020hpa보다 낮고, 남쪽은 그보다 기압이 높다. 남쪽에 공기가 더 많으므로 공기가 남쪽에서 북쪽으로 이동한다. 즉, 남쪽에서 북쪽으로 바람이 분다. 이때 지구 자전의 영향으로 바람의 방향은 오른편(북반구의 경우)으로 비스듬히 쏠린다.

저기압과 고기압의 원리

대개 저기압 영향권에 들면 날씨가 궂어지고, 고기압 영향권에 들면 날이 갠다. 그 까닭을 알아보기 위해 다음 두 가지 사항을 먼저 기억해 두자.

① 기온은 상공으로 올라갈수록 낮아진다. 그래서 높은 산에 오르면 춥다.

② 공기에는 수증기가 함유되어 있다. 공기가 차가워지면 그 수증기가 아주 작은 물방울이 되어 구름을 만든다. 반대로 공기가 따뜻해지면 물방울은 수증기가 되고 구름은 사라진다.

저기압과 고기압

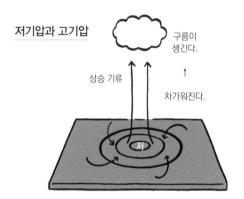

구름이
생긴다.

상승 기류

↑
차가워진다.

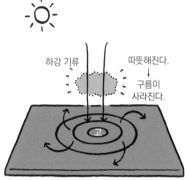

하강 기류

따뜻해진다.
↓
구름이
사라진다.

한 장소의 기압이 주변보다 낮으면 주변에서 공기가 흘러들어 온다. 흘러들어 온 공기 때문에 제자리에 머물 수 없게 된 공기는 상공으로 밀려 올라간다. 이것이 '상승 기류'다. 위로 올라갈수록 공기가 차가워져 수증기가 물방울이 된다. 구름이 생기고 날씨가 궂어진다.

한 장소의 기압이 주변보다 높으면 기압이 낮은 주변으로 공기가 흘러 나간다. 그러면 흘러 나간 양만큼 빈자리가 생기므로 상공에서 공기가 내려온다. 이것이 '하강 기류'다. 만약 상공에 구름이 있었더라도 아래로 내려옴에 따라 따뜻해져서 구름이 사라진다. 날씨가 화창해진다.

고기압과 저기압은 상대적인 개념으로, 정확히 몇 헥토파스칼이면 고기압 또는 저기압이라는 값은 정해져 있지 않다. 그저 기압이 주변보다 높으면 고기압이고, 주변보다 낮으면 저기압이다.

한편 지구는 자전축을 중심으로 서쪽에서 동쪽으로 도는데, 지구의 자전축이 23.5° 비스듬히 기울어 있다. 이 때문에 북반구에서는 바람이 등압선을 기준으로 오른쪽 사선 방향으로 분다. 따라서 고기압에서는 시계 방향으로 바람이 불어 나가고, 저기압에서는 시계 반대 방향으로 바람이 불어 들어온다. 이 점을 기억해 두면 일기 예보에 기상도가 등장했을 때, 내가 있는 곳에서는 바람이 어느 방향으로 불 것인지 단박에 알 수 있다. 기억하자, 고기압은 시계 방향, 저기압은 시계 반대 방향!

전선

【Front】

넓은 지역에 걸쳐 거의 같은 성질을 가진 공기 덩어리를 '기단'이라고 하는데,
성질이 다른 두 기단이 만나면 '전선'을 이루어 저기압과 마찬가지로 궂은 날씨를 만든다.
때에 따라서는 전선이 저기압보다 성질이 고약하다.

공기 덩어리의 경계

지상의 날씨 변화에 관여하는 수십 킬로미터 혹은 수백 킬로미터 범위에서는 의외로 공기가 서로 잘 섞이지 않는다. 가령 따뜻한 공기 덩어리와 차가운 공기 덩어리가 만나면 오랫동안 서로 어우러지지 않고 각각 따뜻하고 차가운 상태를 유지한다. 이처럼 차갑고 따뜻한 공기 덩어리가 접하고 있는 경계를 '전선'이라고 한다.

온난 전선

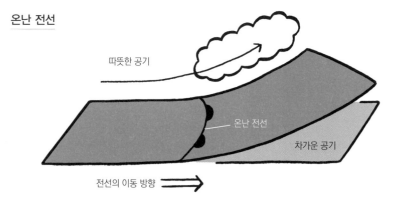

따뜻한 공기

온난 전선

차가운 공기

전선의 이동 방향 ⟹

차가운 공기에 따뜻한 공기가 다가와 부딪치면 차가운 공기 위로 따뜻하고 가벼운 공기가 덮인다. 그 공기가 상공으로 올라 가면서 차갑게 식어 구름이 된다. 이것이 '온난 전선'이다. 온난 전선이 형성되면 넓은 범위에 구름이 낀다.

온난 전선은 따뜻한 공기가 차가운 공기를 점점 밀어내면서 이동한다. 기상도에는 온난 전선의 이동 방향을 반원 모양으로 표시한다.

차가운 공기와 따뜻한 공기가 서로 밀어내는 힘이 비슷한 경우에는 전선이 거의 움직이지 않고 한곳에 머문다. 이를 '정체 전선'이라고 한다. '장마 전선'은 장마 때 생기는 정체 전선이다.

한랭 전선

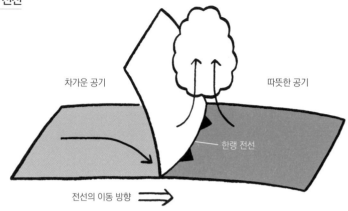

차가운 공기   따뜻한 공기

한랭 전선

전선의 이동 방향 ⟹

따뜻한 공기에 차가운 공기가 다가와 부딪치면 차갑고 무거운 공기가 아래로 비집고 들어간다. 그러면 따뜻한 공기가 들려 올라가 차갑게 식어 구름이 된다. 이것이 '한랭 전선'이다. 한랭 전선이 형성되면 좁은 범위에 강한 비구름이 생긴다. 그래서 갑자기 호우가 내려 강이 범람하는 등 재해가 일어날 염려가 있다.

한랭 전선은 차가운 공기가 따뜻한 공기를 점점 밀어내면서 이동한다. 기상도에는 한랭 전선의 이동 방향을 삼각형으로 표시한다.

전선에는 이 외에 한 종류가 더 있다. 한랭 전선이 온난 전선을 따라가다가 온난 전선 밑으로 겹쳐져서 만들어지는 것으로, '폐색 전선'이라고 한다. 기상도에 그려진 전선에 반원과 삼각형이 번갈아 표시된 것이 폐색 전선이다.

날씨 변화

한반도에서는 6~7월에 아시아 대륙의 북동쪽 오호츠크해에서 불어온 차갑고 습한 공기(오호츠크해 기단)가 북태평양에서 불어온 덥고 습한 공기(북태평양 기단)와 만난다. 이때 형성되는 장마 전선으로 인해 우리나라는 장마철에 접어든다.

일본의 날씨

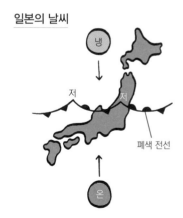

냉

↓

저   저

폐색 전선

온

일본 상공에서는 주로 봄과 가을에 열대 지방에서 불어오는 따뜻한 공기와 북극 지방에서 불어오는 차가운 공기가 부딪쳐 종종 전선이 형성된다. 전선이 만들어지면 그 위에서 공기가 소용돌이쳐서 저기압(→ p.175)이 되기 쉽다. 이 현상이 잇따라 계속되는 바람에 며칠 간격으로 날씨가 연달아 변한다.

태풍

【 Typhoon 】

남쪽 멀리 열대 바다에서 태어나 굳이 우리나라까지 찾아와서
갖가지 재해를 일으키는 애물단지, '태풍'.
해마다 겪는 일이라 해도 방심은 절대 금지, 대비는 철저하게 하자.

태풍 발생의 메커니즘

많은 비와 거센 바람을 몰고 오는 태풍. 태풍을 한마디로 정의하면 '열대에서 발생한 강력한 저기압(→ p.175)'이라고 할 수 있다.

이러한 저기압 중에서도 중심의 최대 풍속이 초속 17m 이상인 것을 '태풍', 그 미만인 것은 '열대 저기압'이라고 부른다. 이 둘은 세력이 다를 뿐 구조는 같다. 또 미국 연안에서 발생한 것은 '허리케인', 인도양이나 남반구에서 발생한 것은 '사이클론'이라고 부르는데, 이것도 이름만 다를 뿐 같은 원리로 발생한다.

태풍의 발생

적도 부근에서는 북쪽과 남쪽에서 불어온 바람이 부딪쳐서 소용돌이치며 상승한다. 열대 지방은 바닷물이 따뜻해서 해수면 가까이 있는 공기에 수증기가 매우 많이 함유되어 있다. 그 수증기가 상공으로 밀려 올라가면 적란운이 많이 생긴다. 이때 액화열(→ p.113)이 방출되어 기온이 오르고 상승 기류는 점점 더 강해진다. 이렇게 해서 태풍이 발생한다.

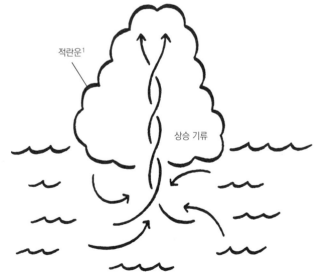

적란운[1]

상승 기류

태풍의 발달

태풍 안에서는 적란운이 사라졌다가 또 발생하기를 반복한다. 상승 기류에서 발생한 적란운은 많은 비를 뿌린다. 그러면 비의 영향으로 차가운 하강 기류가 발생해서 적란운이 점차 사라진다. 그러나 강한 하강 기류의 영향으로 바로 옆에 있던 공기가 밀려 올라가면서 새로운 적란운을 만든다. 이 과정이 연이어 반복되면서 태풍이 점점 발달한다.

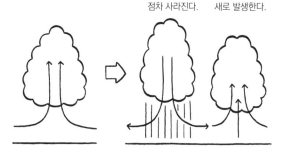

점차 사라진다.   새로 발생한다.

강한 태풍에 '눈'이 있는 이유는 상승 기류가 너무 강해서 소용돌이를 만들기 때문이다. 태풍의 눈은 물을 채운 욕조의 물마개를 뽑았을 때 생기는 깊은 소용돌이 모양을 거꾸로 뒤집은 형태라고 생각하면 된다. 소용돌이의 중심부에서는 바람도 불지 않고 구름도 발생하지 않는다.

태풍의 세력 변화

태풍은 따뜻한 바다 위에 있는 동안 바닷물에서 발생한 수증기를 흡수하며 계속해서 발달한다. 그러나 육지나 차가운 해역으로 진입하면 적란운의 재료인 수증기가 더 공급되지 않으므로 태풍이 힘을 잃고 열대 저기압으로 바뀐다. 또 상륙하거나 차가운 해역으로 진입하는 일 없이 그대로 북상하다가 북쪽의 차가운 공기가 유입되면 전선이 동서로 뻗어 온대 저기압으로 바뀐다. 이때 태풍이 강한 세력을 유지한 채로 온대 저기압으로 바뀌기도 하고, 온대 저기압이 나중에 세력을 강화하는 일도 있으므로 태풍이 다른 것으로 바뀌었다 해도 방심해서는 안 된다.

태풍의 왼쪽과 오른쪽

태풍은 저기압의 일종이므로 시계 반대 방향으로 (→ p.175) 바람이 분다. 그러면 태풍의 오른쪽에서는 태풍 자체의 바람과 태풍을 운반하는 남풍이 서로 합세해서 바람이 더더욱 강해진다. 이 때문에 태풍의 세력은 대부분 오른쪽이 더 강하다. 뉴스에 태풍 정보가 나오면 잘 살펴보자. 폭풍이나 강풍 영역을 나타내는 원은 대부분 오른쪽이 더 크게 표시되어 있을 것이다.

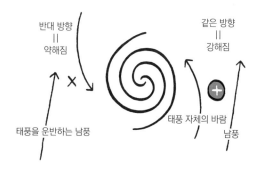

반대 방향
||
약해짐

같은 방향
||
강해짐

태풍을 운반하는 남풍

태풍 자체의 바람
남풍

오로라

【 Aurora 】

많은 사람이 언젠가 한 번쯤은 직접 보고 싶어 하는 신비한 현상, '오로라'.
구름보다 훨씬 더 높은 곳에서 아롱지는 아름다운 이 빛은 태양 때문에 생긴다.

오로라 발생의 메커니즘

태양은 전자와 양성자(→ p.40) 등 전하(→ p.68)를 가진 입자를 초속 수백 킬로미터에 달하는 엄청난 속도로 내뿜는다. 이것을 '태양풍'이라고 한다. 바람 '풍(風)' 자를 쓰지만, 공기의 흐름은 아니다.

지구로 찾아오는 태양풍

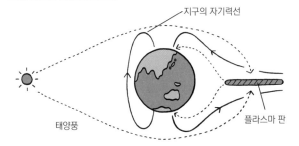

지구의 자기력선

태양풍

플라스마 판

자기(→ p.72)를 띤 지구는 주변 우주 공간에 자기장을 만들고 있다. 지구 쪽으로 날아온 태양풍은 이 자기장에 이끌려 지구 뒤편으로 길게 뻗은 자기장 속에 계속해서 쌓여 간다. 이렇게 태양풍이 자기장 속에 쌓여 있는 것을 '플라스마 판'이라고 한다. 이윽고 플라스마 판에 있던 태양풍 일부가 자기력선을 따라서 북극과 남극 쪽으로 들어온다.

오로라의 정체

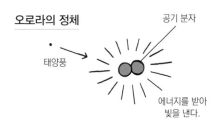

공기 분자

태양풍

에너지를 받아
빛을 낸다.

지구로 들어온 태양풍의 입자가 고도 100km 이상의 상공에 도달하면 대기 중의 산소 분자나 질소 분자와 부딪친다. 이때 공기 분자들이 에너지를 얻어서 빛을 내뿜는다. 그 빛이 신비로운 모습으로 나타나는 현상이 '오로라'다.

고도 150km 이상에서는 산소 분자가 빨간빛을 낸다. 고도가 100~150km 정도인 곳에서는 산소 분자가 더 높은 에너지를 받아 초록빛을 낸다. 그래서 위쪽은 빨간색, 아래쪽은 초록색인 오로라가 보일 때가 있다. 한편 이보다 훨씬 더 높은 고도 수백 킬로미터 지점에서 질소 분자가 발광하면서 보라색 오로라가 나타나는 일도 있다고 한다.

어디에 나타날까?

오로라 출현대

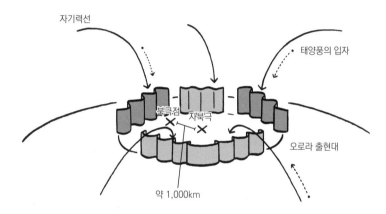

자기력선

태양풍의 입자

북극점

자북극

오로라 출현대

약 1,000km

지리상으로 지구의 북극을 뜻하는 '북극점'과 지구 자기장의 극점을 뜻하는 '자북극'은 서로 1,000km가량 떨어져 있다. 자북극을 중심으로 반경 2,000km쯤 되는 원을 그렸을 때, 이 고리 위로 지구 자기장의 자기력선이 들어오고 있다. 그래서 자기력선을 따라 들어온 태양풍 입자가 주로 이 고리 위의 지점에서 오로라를 만든다. 이 고리를 '오로라 출현대' 또는 '오로라 오벌'이라고 한다.

알래스카나 캐나다 북부, 스웨덴 북부 지방 등에서 오로라가 자주 보이는 것은 오로라 출현대에서 가깝기 때문이다.[2]

태양 표면에서는 이따금 '플레어'라는 급격한 폭발이 일어난다. 플레어 현상이 일어나면 태양풍이 세차게 분출되고 지구로 날아오는 태양풍의 입자가 많아진다. 그러면 오로라 현상이 활발하게 일어나 오로라 출현대와 먼 곳에서도 오로라가 보이는 일이 있다. 지평선 위에 붉은 오로라가 나타나 산불로 오인되는 일도 있다고 한다.

지각·맨틀·판

【 Crust·Mantle·Plate 】

우리는 지구에 발 딛고 살아가지만, 그 속을 직접 들여다볼 수는 없다.
그렇다고 인간의 호기심이 지구 내부까지 미치지 않을 리 또한 없다.
직접 보지 못해도 간접적인 방법으로 지구 내부에 관해 꽤 많은 사실을 밝혀냈다.

지구의 구조

지구 내부의 구조는 달걀과 닮았다.

지구 내부를 살펴보자

지구의 반경은 약 6,400km. 그중 가장 바깥쪽, 단단한 암석으로 이루어진 부분을 '지각'이라고 한다. 달걀 껍데기에 해당하는 부분으로, 두께는 수십 킬로미터 정도 된다. 지각 아래 깊이 약 3,000km까지는 '맨틀'이라고 한다. 달걀흰자에 해당하며, 조금 부드러운 암석으로 이루어졌다. 그보다 안쪽, 달걀 노른자에 해당하는 부분은 '핵'이라고 하며, 철 따위의 금속으로 이루어져 있다.

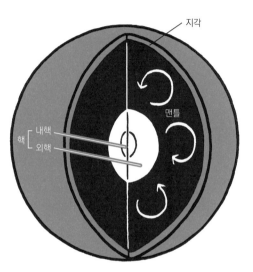

지구의 '핵'은 원자핵이나 핵분열과는 상관없고, 그저 '중심부'를 뜻한다. 핵은 '외핵'과 '내핵'으로 나뉜다. 금속이 녹아서 액체가 된 부분이 외핵이고, 그 안쪽에 고체 상태로 존재하는 부분은 내핵이다. 외핵 속에서는 열에 녹은 철이 빙글빙글 순환해서 전류가 흐르고, 그에 따라 지구 자기(→ p.72)가 발생한다.

영어 'mantle'에는 '표면을 덮고 있는 꺼풀' 또는 '망토'라는 뜻이 있다. 맨틀이 핵을 덮고 있는 외투나 꺼풀 같다고 해서 이런 이름이 붙었다. 맨틀은 암석으로 이루어져 있지만, 아주 조금 부드러운 까닭에 몇백만 년 혹은 몇천만 년이라는 긴 시간에 걸쳐 천천히 흐른다. 바깥쪽은 우주 공간과 가까워서 비교적 온도가 낮고(그래도 1,000℃ 이상), 안쪽은 핵의 열기에 데워져 온도가 높다(약 5,000℃). 이러한 온도 차이로 인해 '대류'가 일어난다. 냄비에 국을 담고 아래쪽에 열을 가해 데우면 아래에서 위로, 위에서 아래로 순환하는 흐름이 생기는 것과 같은 이치다.

판 구조론

판

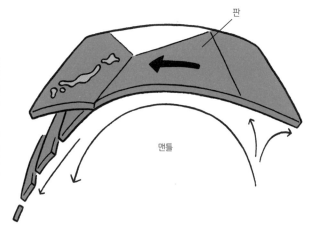

판과 판이 나뉘는 곳에서는 맨틀이 솟아올랐다가 그대로 굳어서 지각이 된다. 한편 판과 판이 서로 밀어내는 곳에서는 한쪽 판이 밑으로 깔려서 맨틀 속으로 녹아들어 간다. 일본 열도가 그런 지점 위에 있다.

어떻게 조사할까?

지구의 구조가 달걀과 닮았기로서니 삶은 달걀 자르듯이 지구를 잘라서 내부를 관찰할 수는 없다. 그렇다면 어떻게 해야 지구의 내부 구조를 탐색할 수 있을까?

지진파 탐색

어선 바닥에서 초음파를 내보내고, 이것이 물고
기에 반사되어 돌아오는 정도를 분석해 물속에
있는 고기떼의 종류와 수량을 파악하는 장치를
'어군 탐지기' 또는 '고기떼 탐지기'라고 한다.
지구 내부를 탐사하는 데도 어군 탐지기의 원리
를 이용한다.
지진파는 지각과 맨틀의 경계와 같이 구조가 바
뀌는 곳에서 반사되거나 진행 방향이 바뀐다.
따라서 한 지점에서 폭약 등을 사용해 인공적으
로 작은 지진을 일으킨 다음, 다양한 지점에서
지진파를 관측하고, 그 데이터를 분석하면 지구
내부의 구조를 추정해 볼 수 있다.

화산·지진

【 Volcano·Earthquake 】

일본처럼 판의 경계에 가까운 곳에서는 자연재해가 자주 일어난다.
어떤 원리로 땅이 들썩이고 화산이 폭발하는지 알아보자.

일본의 땅 밑

일본 열도는 유라시아판과 북아메리카판의 가장
자리에 있으며, 동쪽에서는 태평양판이, 남쪽에서
는 필리핀판이 부딪쳐 오고 있다. 해양판에 속하
는 태평양판과 필리핀판은 바닷물에 식어서 무겁
고, 대륙판에 속하는 유라시아판과 북아메리카판
은 상대적으로 가볍다. 이 때문에 일본 열도 쪽으
로 부딪쳐 오는 해양판이 대륙판 밑으로 점차 가
라앉는다.

일본 주변의 판

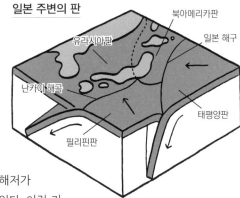

판(→ p.183)이 가라앉고 있는 곳은 해저가
좁고 긴 도랑 모양으로 움푹 들어가 있다. 이런 지
형을 '해구' 또는 '트러프'라고 한다. 가장 깊은 곳의 깊이가 6,000m 이상이면 해구라고
하며, 그보다 얕으면 트러프라고 한다.

마그마의 생성

판이 가라앉을 때, 경계면에 바닷물이 스
며들어 암석의 성질을 변화시킨다. 깊이
100~200km 정도에서는 온도가 1,000℃ 이
상으로 치솟아 암석의 성질을 더욱 변화시키
고, 결국 암석은 흐물흐물한 액체가 된다. 이
것이 '마그마'다.

마그마는 암석의 틈새 등을 통해서 위로 솟구치고, 지각 내
부의 깊이 수 킬로미터 지점에 일단 고인다. 이것을 '마그마
굄'이라고 한다. 이렇고 고여 있던 마그마가 어떠한 계기로 상
승해서 지표면에 분출되면 화산이 생성된다.

암석이 녹아서 마그마를 만드는 깊이는 대체로 일정하다. 그래서 화산은 해구로부터 일정한 거리에 줄지어 생긴다. 이렇게 화산이 늘어선 줄을 '화산 전선'이라고 한다.

지진의 발생

해양판이 대륙판 아래로 가라앉을 때, 판의 접촉면에서 마찰이 일어나 대륙판의 가장자리가 함께 끌려 들어간다. 그러면 대륙판의 가장자리가 점점 뒤틀리고, 이윽고 뒤틀림이 한계에 달하면 세차게 튕겨 원래 상태로 돌아온다. 이렇게 해서 발생하는 거대 지진을 '해구형 지진'이라고 한다.

2011년에 동일본 대지진을 일으킨 도호쿠 지방 태평양 해역 지진 등이 해구형 지진이다.

한편 1995년에 한신-아와지 대지진을 일으킨 군마현 남부 지진 등과 같이 판의 내부에서 일어나는 지진은 메커니즘이 이와 조금 다르다.

해구형 지진

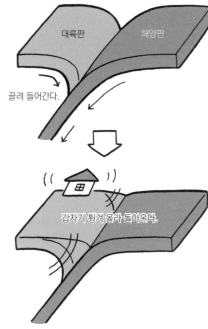

대륙판

해양판

끌려 들어간다.

갑자기 튕겨 올라 돌아온다.

직하 지진

삐거덕 삐거덕

어마어마

해양판이 가라앉을 때는 대륙판 이곳저곳도 뒤틀려서 군데군데에 작은 균열이 생긴다. 그것이 '단층'이다. 균열로 인해 단층이 어긋나며 움직일 때 지진이 일어나기도 한다. 이러한 지진을 '직하 지진' 또는 '내륙 지진'이라고 한다.

직하 지진은 규모가 작은 편이지만 대개 사람이 사는 곳 바로 가까이에서 일어나기 때문에 피해가 크다. 게다가 판의 어디에 어떤 균열이 일어나고 있는지는 좀처럼 알 수 없으므로 예측하기도 어렵다. 언제 지진이 일어나더라도 제대로 대처할 수 있도록 대비해 두는 것이 상책이다.

진도·매그니튜드

【 Seismic intensity·Magnitude 】

지진이 일어나면 곧장 지진 속보가 방송된다.
상황을 빠르게 파악해서 속보를 내보내기 위해서는 정확히 관측하는 것이 중요하다.
지진 속보에 이용되는 두 가지 중요한 관측값에 대해 알아보자.

진도

측정 지점에서 지면이 얼마나 격렬하게 흔들렸느냐를 의미하는 것이 '진도'다. 진도가 크면 클수록 지면 위의 물체는 강한 힘으로 흔들리므로 그만큼 물체가 쓰러지거나 파괴되는 등 피해가 크다.

일본에서는 1990년대까지 기상청 직원이 체감으로 진도를 측정했다고 한다. 지진이 일어나면 당직 직원이 가만히 앉아서 얼마나 세게 흔들리는지 판단한 것이다. 그러나 이는 부정확하고 시간도 걸렸기에 다른 방법이 필요했다. 그래서 도입한 것이 '지진계'다.

지진계의 원리

지진계는 진자의 원리를 이용한다. 기다란 진자를 거치대에 고정해 둔다. 거치대를 양옆으로 재빨리 움직여도 진자의 추는 거의 움직이지 않으므로 추에 펜을 부착하고, 아래에는 종이를 깔아 둔다. 지진이 발생하면 종이는 흔들려도 추와 펜은 흔들리지 않아서 지면이 흔들리는 정도가 종이 위에 기록된다.

이렇게 해서 기록된 흔들림의 폭을 특정 계산식으로 환산해서 발표하는 것이 진도다. 한국과 미국 등에서는 진도를 12등급(I~XII)으로 구분하는데, 일본에서는 10등급(0~7, 그중 5와 6은 각각 약과 강으로 다시 나누므로 총 10등급)으로 나눈다.

한편 지진계는 지면의 모든 흔들림을 기록할 수 없다는 한계가 있다. 지면이 느리게 흔들릴 때는 추와 펜도 함께 움직이므로 지진계에 제대로 기록되지 않는다. 최근에 이런 느릿한 지진이 일어나고 있는 것이 발견되었다. 이를 '느린 지진' 또는 '슬로 슬립' 등으로 부르는데, 이러한 지진을 관측하면 거대 지진을 예측할 수 있을 것으로 짐작된다.

매그니튜드

지면의 흔들림만 나타내는 것이 진도라면 지진의 전체적 규모를 나타내는 것은 '매그니튜드'다. 영어 'magnitude'는 '크기'라는 뜻이다. 세계적으로는 매그니튜드보다 '리히터 규모'라고 부르는 곳이 더 많다. 참고로 리히터는 이 척도를 제안한 미국인 지리학자의 이름이다.

규모가 큰 지진일수록 방출되는 에너지가 크다는 점에 착안해 지진 에너지의 크기를 특정한 식으로 계산한 것이 매그니튜드 값이다. 하나의 지진에 대해 진도는 측정된 지점별로 값이 다르지만, 매그니튜드는 단 하나의 값으로 정해진다.

매그니튜드 값이 0.2 증가하면 지진의 에너지는 두 배가 된다. 소수점 이하의 작은 값인데도 에너지의 규모가 크게 달라진

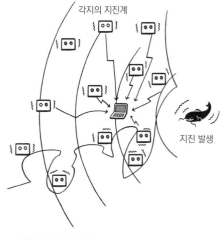

각지의 지진계

지진 발생

매그니튜드 계산

지진이 일어나면 각지에 설치된 지진계의 데이터가 집계되어 진원지와 매그니튜드를 계산한다.

다. 매그니튜드가 1 증가하면 지진의 에너지는 약 서른 배, 매그니튜드가 2 증가하면 지진의 에너지는 약 1,000배가 된다.

현재까지 관측된 지진 중 최대 규모는 1960년에 발생한 칠레 발디비아 대지진으로, 매그니튜드가 9.5였다. 만약 거대한 도끼 같은 것으로 지구를 내리쳐 두 조각으로 쪼갤 수 있다면, 계산상으로 매그니튜드 12의 지진이 발생한다고 한다.

P파·S파

【 Primary wave·Secondary wave 】

지진이 발생하면 처음에는 조금씩 덜컹덜컹 흔들리다가 점점 크게 휘휘 흔들리곤 한다.
이렇듯 지진에는 두 종류의 흔들림이 섞여 있고, 이로 인한 피해 규모도 다르다.

Physics | Electricity | Chemistry | Biology | Geography | Cosmology

두 종류의 흔들림

지진이 발생했을 때 먼저 전해지는 흔들림은 'P파', 뒤이어 전해지는 흔들림은 'S파'다.
이때 P는 'primary(1차)', S는 'secondary(2차)'의 머리글자다. P파와 S파는 흔들리는 양상
이 다르다.

P파

지진이 발생하면 진원지 및 지반이 양옆, 앞뒤, 위
아래 등 모든 방향으로 흔들린다. 관측자가 볼 때
지반이 위아래로 움직이는 흔들림(종파)은 대체로
초속 6km로 전해져 온다. 이것이 P파이며, 가장
처음 '덜컹덜컹' 느껴지는 진동이다.

세로로 덜컹덜컹

위아래로
흔들림

P파

진원

가로로 휘휘

양옆으로 흔들림

S파

진원

S파

관측자가 볼 때 지반이 양옆으로 움직이는 흔들림(횡
파)은 대체로 P파보다 느린 초속 4km로 전해져 온다.
그 때문에 P파의 '덜컹덜컹' 하는 진동보다 조금 느리
지만 크게 '휘휘' 흔들린다. 이것이 S파다.

진원이 가까우면 P파와 S파가 발생하는 시간차가 적어서 덜컹덜컹 흔들린 다음 곧바로 크게 휘휘 흔들린다. 진원이 멀면 발생 시간차가 커지고 P파가 다소 힘을 잃어서 맨 처음에 살짝 덜컹덜컹 흔들리고, 조금 있다가 크게 휘휘 흔들린다. P파가 거의 느껴지지 않았는데 S파로 크게 흔들린다면 멀리에서 지진이 일어난 것으로 생각할 수 있다.

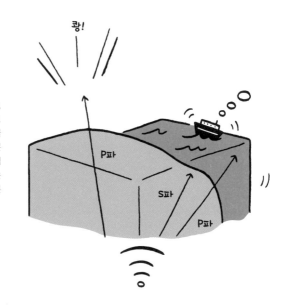

P파와 S파의 차이

S파는 지반과 같이 고체에서만 전해지지만, P파는 공기 중이나 수중에서도 전해진다. 보통의 음파는 P파와 마찬가지로 공기나 물을 통해 위아래로 전달되는 종파다. 그 때문에 P파가 찾아오면 동시에 '쾅' 하는 땅울림이 들리는 일이 많다. 규모가 큰 지진에서는 P파가 바닷속에서도 전해져서 배 위에서 흔들림을 느끼는 일이 있다고 한다.

긴급 지진 속보

일반적인 지진은 P파의 흔들림이 그리 강하지 않고, 나중에 찾아오는 S파가 더 큰 피해를 가져온다. 그래서 먼저 찾아온 P파를 감지하고 곧바로 경보를 내리면 위험한 S파에 대비할 수 있다. 이것이 긴급 지진 속보 시스템이다.

일본의 경우 전국에 흩어져 있는 1,000여 개의 지진계가 기상청과 온라인으로 연결되어 있다. 어딘가의 지진계가 P파를 감지하면 기상청 컴퓨터가 대략적인 진원과 매그니튜드(→ p.187)를 재빨리 계산한 다음 S파에 강하게 흔들릴 가능성이 큰 지역을 추정한다. 그 내용이 곧바로 텔레비전이나 휴대전화 등에 송신되는 것이다.[3]

긴급 지진 속보는 앞으로 일어날 지진을 미리미리 예측하는 것이 아니다. P파를 감지한 후가 아니면 내보낼 수 없는 소식이므로 속보를 들은 후에는 대비할 시간적 여유가 거의 없다. 더욱이 진원에서 가까운 곳은 P파와 S파의 발생 시간차가 짧기 때문에 더욱더 여유가 없다. 사정이 이렇다 보니 이미 사람들이 지진을 느낀 후에 텔레비전 속보가 시작되는 경우도 많다. 어찌 되었든 속보를 접하면 바로바로 대처할 수 있도록 평소에 대비해 두자.

액상화 현상

【Liquefaction】

Physics | Electricity | Chemistry | Biology | Geography | Cosmology

2011년 동일본 대지진의 영향으로 도쿄 연안 매립지 등에서
지면이 흙탕물처럼 흐물흐물해져서 주택이 기울고 수도관이 망가지거나
도로에 균열이 생기는 등의 피해가 발생했다. 그 영향은 아직도 남아 있다.

흐물흐물해지는 지반

지진으로 생긴 진동 때문에 지반이 다량의 수분을 머금어 액체와 같은 상태로 변하는
것을 '액상화 현상'이라고 한다. 주로 모래로 이루어져 지하수가 지표면 가까이 고여 있
는 땅에서 액상화 현상이 잘 일어난다.

간단히 살펴보는 액상화 현상

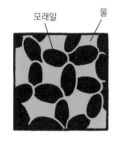

평소에는 모래알끼리 잘 붙어 있고,
그 틈새에 물이 채워져 있다.

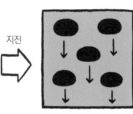

지진이 일어나 진동이 전해지면 모
래알 사이의 결합이 무너져서 모래
가 물에 뜬 상태가 된다.

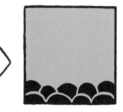

이윽고 모래알이 아래로 가라앉고
물이 위로 올라온다. 이렇게 해서
지반이 흐물흐물해지면 건물처럼
무거운 것은 가라앉고 수도관이나
맨홀처럼 가벼운 것은 떠오른다.

연안 주변뿐 아니라 강을 메운 지역, 연못이나 논을 메운 땅에도 모래가 많아 지하수위
가 높으므로 액상화 현상이 일어나기 쉽다. 1964년에 일어난 일본의 니가타 지진에서는
도시를 관통하는 시나노가와강(江) 주변의 건물들이 액상화 현상 때문에 속속 옆으로 쓰러
졌다. 이것이 일본에 액상화 현상이 알려지는 계기가 되었다. 2004년에 니가타현에서 발
생한 주에쓰 지진 때는 강의 토사가 퇴적되어 생긴 선상지에서도 액상화 현상이 일어났다.
액상화 현상이 발생하면 건물뿐 아니라 지반 자체와 도시의 기반 시설에도 해를 입히

기 때문에 복구하는 데 많은 시간이 걸린다. 실제로 동일본 대지진의 영향으로 파괴된 도쿄 연안의 기반 시설을 완전히 복구하기까지 몇 년의 시간이 걸렸다.

액상화 현상의 대책

액상화 현상에 따른 피해를 방지하기 위해서는 지반 자체를 개량하는 방법과 건물을 강화하는 방법을 생각해 볼 수 있다.

여러 가지 대책

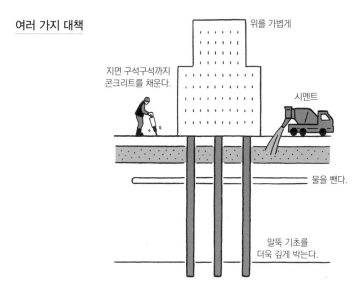

위를 가볍게

지면 구석구석까지
콘크리트를 채운다.

시멘트

물을 뺀다.

말뚝 기초를
더욱 깊게 박는다.

지반 개량	단점
건물을 세우기 전에 지반을 압축하고 구석구석에 콘크리트를 채운다.	이미 지은 건물에는 적용하기 어렵다.
땅속에 시멘트와 약액 등을 섞어 넣어 지반을 단단하게 만든다.	비용이 든다.
땅속에 배수관을 넣어 물을 뺀다.	인근에 땅꺼짐 현상이 나타날 수 있다.

건물 강화	단점
단단한 지반에 닿을 정도까지 깊이 말뚝 기초를 박아 공사한다.	건물을 새로 지을 때만 적용할 수 있다.
건물의 중량을 가볍게 만들거나 균형을 잘 맞추어 짓는다.	피해를 완전히 막기는 어렵다.

다양한 연구가 한창 진행되고 있지만, 아직 결정적인 방법은 없는 듯하다. 이제는 매립지 등에도 많은 인구가 사는 만큼 되도록 빨리 효과적인 대책을 세워야 할 것이다.

열수구

【Hydrothermal vent】

깜깜하고 차디찬 심해에도 다양한 생명체가 풍요롭게 번성하고 있다.
햇빛 한 줌 없는 이곳에 생명 탄생의 비밀을 푸는 열쇠가 있다.
나아가 지구 밖 생명체의 존재 가능성도 추측해 볼 수 있다.

해저의 굴뚝

1977년, 미국 우즈홀 해양 연구소(WHOI)의 유인 잠수정 '앨빈호'는 동태평양 갈라파고스 제도의 북서쪽 지점, 수심 2,600m의 심해저에서 이상한 것을 발견했다. 해저에 굴뚝 같은 것이 우뚝 솟아 있고, 그 꼭대기에서 고온의 물과 함께 검은 연기 같은 것이 펑펑 분출되고 있었다. 그 후 일본 근해를 포함한 세계 각지에서 같은 것들이 연달아 발견되면서 이를 '열수구' 또는 '열수 분출공'이라고 부르게 되었다.

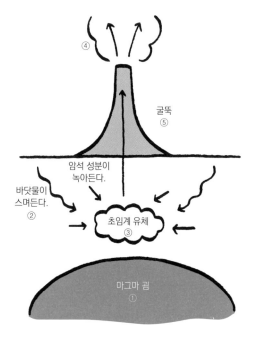

④

굴뚝
⑤

암석 성분이
녹아든다.

바닷물이
스며든다.
②

초임계 유체
③

마그마 굄
①

심해 열수구

① 열수구 아래에 마그마 굄(→ p.184)이 있다.
② 해저에서 스며든 바닷물이 마그마에 의해 가열되어 400℃ 가까이 온도가 올라간다. 심해저는 수압이 수백 기압으로 매우 높아서 온도가 수백 도에 달해도 물이 끓지 않는다.
③ 이렇게 온도가 높은 물은 액체도 기체도 아닌 초임계 유체(→ p.111)라는 특별한 상태가 되어 암석의 성분을 녹인다.
④ 그것이 해저로 분출되면 순식간에 식어, 그 안에 녹아 있던 암석 성분이 고체가 된다.
⑤ 이때 자잘한 암석은 검은 연기처럼 분출되고, 주변에는 돌기둥 구조가 생긴다. 이를 '굴뚝'이라고 한다. 분출되는 물에는 황화수소가 함유되어 있다.

태양에 의존하지 않는 생물들

지상이나 얕은 바다에 사는 생물은 식물처럼 광합성(→ p.140)을 해서 살아가거나 식물이 광합성을 해서 만든 영양분을 먹고 산다. 즉, 모든 생물이 햇빛 덕분에 살아간다고 해도 과언이 아니다. 그러나 열수구 주변에서는 햇빛에 의존하지 않는 생물계가 번성하고 있다.

해저 생태계

열수구 주변에는 '화학 독립 영양 세균'이라는 특별한 세균이 산다. 이 세균은 열수에 함유된 황화수소를 에너지원으로 쓰고, 바닷물에 함유된 이산화탄소에서 유기물을 합성한다. 광합성에 쓰이는 빛을 황화수소로 바꾼 것과 구조가 같다.

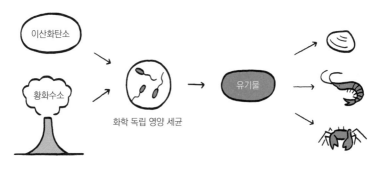

이산화탄소

황화수소

화학 독립 영양 세균

유기물

화학 독립 영양 세균이 만든 유기물을 먹이 삼아 많은 조개와 새우, 게와 물고기 등이 살고 있다. 또 갯지렁이와 비슷한 관벌레[4]나, 이매패(껍데기가 두 개인 조개)에 속하는 시로우리가이[5] 등은 몸속에 화학 독립 영양 세균을 기르며 살고 있다. 이 같은 심해의 생태계를 '열수 생물 군집'이라고 한다.

이 생물들은 햇빛 대신 지구의 에너지에 의지해 살아가는 셈이다. 머나먼 옛날, 지구에 처음 등장한 생명은 가혹한 환경의 육지에서 생겨난 것이 아니라 이와 같은 심해 열수구에서 탄생하지 않았을까 하는 논의도 이어지고 있다.

외계 생명체도?

목성의 위성인 '유로파'와 토성의 위성인 '엔셀라두스'의 지하에는 바다가 펼쳐져 있고, 그 해저에도 지구와 비슷한 열수구가 있을 것으로 추측된다. 만약 그렇다면 이 위성들의 바닷속에도 독자적인 생물들이 번성하고 있을지도 모른다. 미국 항공 우주국(NASA)에서 곧 유로파의 바닷속에 숨은 생명체를 찾을 탐사선을 보낼 계획이라고 하니 머지않아 외계 생명체의 존재를 확인할 날이 올지도 모르겠다.

엘니뇨·라니냐

【 el Niño·la Niña 】

'엘니뇨'와 '라니냐'는 발음할 때는 독특한 울림이 나지만,
알고 보면 평범한 뜻을 지닌 스페인어.
그러나 엘니뇨와 라니냐가 전 세계 기상에 미치는 영향은 이름처럼 평범하지 않다.

Physics | Electricity | Chemistry | Biology | Geography | Cosmology

태평양의 이상 기상

태평양의 적도 부근에는 '무역풍'이라는 동풍이 분다. 적도 지방의 강한 햇빛에 데워진 바닷물은 무역풍을 받아 서쪽(인도네시아 주변)으로 흐른다. 바닷물이 서쪽으로 빠져나간 만큼 동쪽(페루 앞바다)에서는 심해에서 차가운 바닷물이 솟아올라 수온이 낮아진다.

평상시

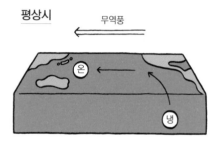

엘니뇨

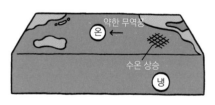

원인은 알 수 없지만, 때때로 무역풍의 기세가 약해져서 바닷물의 흐름이 약해질 때가 있다. 그러면 심해에서 차가운 바닷물이 솟는 일이 줄어들고, 페루 앞바다의 바닷물 온도가 평소보다 오른다. 이것이 '엘니뇨' 현상이다.

'소년'을 뜻하는 스페인어 'niño'에 정관사를 붙여서 대문자로 'el Niño'라고 쓰면 '어린이', '아기 예수', '신의 아들', '크리스마스의 계절'을 뜻하는 말이 된다. 그런데 바닷물이 따뜻해지는 현상을 왜 엘니뇨라고 부르게 되었을까? 엘니뇨 현상이 주로 크리스마스 무렵에 일어나기 때문에 페루의 어부들이 그렇게 부르기 시작했다고 한다.

엘니뇨가 발생하면 페루 앞바다 인근에서는 기온이 올라 강수량이 늘고, 반대로 인도네시아 주변에서는 기온이 떨어져 강수량이 줄어든다. 나아가 전 세계의 기후에도 영향을 준다. 일본을 예로 들면 여름에는 북태평양 고기압의 세력이 약해져서 평년보다 덜 덥고, 겨울에는 서고동저의 기압 배치가 약해져서 평년보다 덜 춥다. 또한 엘니뇨 때문에 이상 기상이 늘어나는 것으로 추정하고 있다.

반대 현상

엘니뇨와는 반대로 무역풍이 강해져서 적도 부근의 바닷물 흐름이 강해지고 페루 앞바다의 바닷물 온도가 평소보다 낮아지는 일이 있다. 이것을 '라니냐' 현상이라고 한다. 'niña'는 스페인어로 '소녀'라는 뜻이다. 엘니뇨와 반대 현상이어서 이렇게 부른다.

라니냐

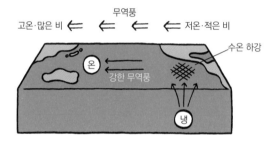

엘니뇨가 발생한 다음 해에는 라니냐가 발생하는 경우가 많다. 라니냐가 발생하면 페루 앞바다나 인도네시아 주변 기후는 엘니뇨 때와 반대로 변화한다. 일본에서는 라니냐가 발생할 때마다 장마철이나 여름에 강수량이 늘어나는 경향이 있다. 이 외에도 다양한 영향을 받는데, 어떤 현상이 나타나든 이상 기상이 자주 발생하는 것은 틀림이 없다.

장기 예보

엘니뇨와 라니냐는 한번 발생하면 장기간(1년 정도)에 걸쳐 기상에 영향을 미친다. 그래서 일본 기상청에서는 정기적으로 동태평양의 바닷물 온도를 재서 엘니뇨나 라니냐 중 어떤 기상이 일어날지를 6개월 이후까지 예측해서 홈페이지에 발표한다. 그러나 지금의 기술로는 정확히 예측할 수 없어서 '○○%의 확률로 엘니뇨(또는 라니냐)가 발생할 것'이라고 이야기하는 것이 최선이다.

셰일 오일·셰일 가스·
메테인 하이드레이트

【 Shale oil·Shale gas·Methane hydrate 】

이름도 어려운 이 물질들은 기존의 석유와 천연가스를 대신할
새로운 에너지 자원으로 주목받고 있다.
어떤 물질인지, 에너지로 사용하는 데 문제점은 없는지 살펴보자.

암석에 함유된 석유와 천연가스

대개 석유나 천연가스는 지층과 지층 사이에 고여 있어서, 그런 곳에 시추공을 뚫어 펌프로 끌어올리곤 한다.

한편 지하 2,000~3,000m에 있는 혈암(셰일)이라는 암석 안에도 석유와 천연가스가 함유되어 있기도 하다. 그것을 각각 '셰일 오일(정식 명칭은 타이트 오일)', '셰일 가스'라고 한다. 종전까지는 이들을 뽑아내기가 어려웠지만 21세기에 들어서면서 수압 파쇄법이라는 기술이 보급되어 비교적 쉽게 뽑아낼 수 있게 되었다.

셰일 오일 · 셰일 가스를 얻는 법

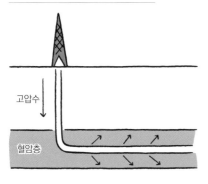

혈암층에 수평으로 파이프를 끼워 넣고 모래 등을 섞은 물을 고압으로 주입한다.

혈암에 균열이 생기면서 흘러나온 석유나 천연가스를 펌프를 이용해 끌어올린다.

셰일 오일과 셰일 가스는 북아메리카 지역에 집중적으로 분포되어 있다. 2000년대에 원유 가격이 급등하자 미국 각지에서 셰일 오일 및 셰일 가스 채굴 붐이 일었고, 미국은 일대 산유국이 되었다. 이것을 '셰일 혁명'이라고 한다.

한편에서는 수압 파쇄법으로 인해 지하수가 오염되고, 지역 주민들에게 건강 피해가 발생하는 문제도 나타났다. 또 지층이 물러져서 지진이 일어나기 쉬워진다는 지적도 있다.

불타는 얼음

수심 500m 이상의 심해저 등에서는 천연가스의 주성분인 메테인이 얼음 속 깊은 곳으로 스며들어서 안정적인 고체를 만들어 낸다. 그것을 '메테인 하이드레이트'라고 한다. 메테인 하이드레이트 1g 속에는 180mL의 메테인 가스가 함유되어 있다. 불을 가까이 가져가면 불이 붙어 타오르기 때문에 '불타는 얼음'으로도 불린다.

지하자원인 메테인 하이드레이트를 이용하려면 땅속에 파이프를 넣어 펌프로 내부의 압력을 낮추어야 한다. 그러면 얼음에서 빠져나온 메테인이 파이프를 타고 올라온다. 다만 모래 때문에 금세 파이프가 막히는 등 아직 기술적인 문제가 많아서 좀처럼 실용화하지 못하고 있다.

일본의 메테인 하이드레이트

일본은 1990년대에 인근 바다에서 대규모 해저 탐사를 수행했다. 이때 서일본의 태평양 연안과 동서 제도 난바다 등에 엄청난 양의 메테인 하이드레이트가 매장되어 있다는 사실이 밝혀졌다. 일본에서 소비되는 천연가스 양으로 치면 자그마치 100여 년 치에 달한다고 한다.

머지않아 메테인 하이드레이트가 자원으로 실용화된다면 일본은 세계 유수의 자원 대국이 될지도 모른다. 그러나 한편으로 메테인은 지구 온난화를 가속할 수도 있는 치명적인 단점을 가졌다. 메테인 하이드레이트에서 대량의 메테인이 빠져나오면 지구 기온이 단숨에 상승할 염려가 있다고 한다.

과학이 걸어온 길

현대적인 과학이 탄생하기까지

과학이라는 말

영어로 '과학'을 뜻하는 단어 'science'는 원래 라틴어로 '지식'을 뜻하는 'scientia'에서 왔다. 이 말이 처음 영어에 도입되었을 14세기 당시에는 '개개인의 신념이나 의견이 아닌, 사실에 바탕을 둔 공통 지식'이라는 뜻으로 사용되었다. 지금은 자연계를 연구하는 학문을 가리키는 말로 주로 쓰이지만, 사실은 이보다 폭넓은 학문을 가리키는 단어였다. 그러다가 과학 혁명이 일어나던 16~17세기에 '자연계의 현상을 법칙으로 정리한, 실험으로 검증할 수 있는 지식 체계'라는 뜻으로 바뀌어 지금까지 유지되고 있다.[6]

science가 일본에서 과학이라는 단어로 번역된 것은 19세기 후반의 일이다. '과(科)'라는 한자에는 '종류'나 '분류'와 같은 뜻이 있다. 병원의 '소아과'나 생물의 '국화과', '바다솟과' 같은 말에서 그 쓰임을 짐작할 수 있다. 즉, 과학이라는 단어는 본래 '다양한 종류의 학문' 정도로 쓰이는 말이었다.

그 당시 science의 번역어로 '이학(理學)'이라는 단어도 사용되었다. '진리(眞理)'라는 말에서 알 수 있듯이 '이(理)'라는 한자에는 '사물의 도리, 이치'라는 뜻이 있다. 즉, 이학이란 '사물의 이치를 연구하는 학문'이라는 뜻이다. 이렇게 보면 현대의 science에 대응하는 번역어로 이학이 더 적합한 것 같은데, 지금은 이학보다 과학으로 거의 굳어졌다. 아마도 과학이 이학보다 더 빨리, 더 일반적으로 쓰이게 된 모양이다. 이학은 오늘날 일본의 대학에서 쓰는 '이학부'라는 명칭에 그 자취가 아직 남아 있다.[7]

과학이라는 학문

기원전, 과학이라는 단어조차 없었던 때부터 자연계의 진리를 밝히고자 하는 시도는 이미 시작되고 있었다. 다만 현대의 과학과는 근본적으로 사고방식이 달랐다. 눈에 보이는 현상에 우주의 뜻을 끼워 맞추는 방식으로, 말하자면 철학의 일종이었던 셈이다. 예컨대 아리스토텔레스는 '천계(天界)는 질서 정연하며 완전무결한 세계'라는 사상을 바탕으로 밤하늘의 별들이 이동하는 현상에 대한 해석을 내놓았다. 당시에는 천체의 이동을 관측이나 실험으로 검증한다는 발상이 없었다. 그러니 위대한 철학자가 그런 말도 했겠다, 아무도 의심하지 않고 그냥 그렇게 믿었다.

그러나 시대가 달라짐에 따라 기존의 권위주의적인 학문 체계로는 이치에 맞지 않는 일들이 하나둘 보이기 시작했다. 이윽고 16~17세기경, 사람들은 이런 현상들을 이전의 방식대로 이해해서는 안 된다는 것을 깨달았다. 권위를 비판 없이 받아들일 것이 아니라 자연계의 현상들을 있는 그대로 관찰하고, 논리와 수학을 바탕으로 그 근본 원리를 탐구해서 실험과 관측 등을 통해 검증해야 한다는 발상으로 전환한 것이다. 이것이 과학 혁명이다. 대표적인 예로 뉴턴은 물체가 낙하하는 현상이나 행성 운동을 관측한 결과를 바탕으로 수학적인 역학 법칙을 정립했다. 그리고 다른 학자들이 실험과 관측을 통해서 그 법칙을 검증했다. 현대 과학 연구의 진행 방식은 이렇게 확립되었다.

한편 학문을 가르치는 대학은 12세기부터 있었다. 그러나 당시의 대학은 성직자, 관료, 의사를 양성하기 위한 직업 훈련소 같은 것이어서 지금과 같은 과학 분야 학부는 없었다. 그러다가 18세기가 되어 산업 혁명과 함께 기술이 중시되는 세상이 열리면서 자연 과학과 공학 등을 체계적으로 가르치게 되었다. 그렇게 대학은 과학 연구의 거점이 되었고, 과학자라는 직업도 사회적으로 인정받게 되었다. 나아가 과학자들은 자신의 연구 성과를 발표하고 평가받기 위해 학회나 학술지 등의 기관과 제도를 만들었다. 이것이 지금까지 이어져서 과학 연구를 뒷받침하고 있다.

자연계를 탐구해 온 역사는 2,000년을 훌쩍 뛰어넘지만, 현대적인 과학이 탄생한 지는 수백 년도 채 지나지 않았다. 하지만 바로 이 현대적인 과학이 발전한 덕분에 지금 같은 생활을 가능케 하는 기술 문명과 풍요로운 문화가 실현되었다.

1 모양에 따라 구분하는 열 가지 구름 중 하나로, 쌘비구름, 소나기구름, 뇌운 등으로 불리기도 한다. 수직으로 높게 발달한 구름 덩어리가 산이나 탑 모양을 이루며, 물방울과 얼음 결정을 많이 함유해 우박, 소나기, 천둥 따위를 동반하는 경우가 많다. 다른 구름과 달리 아래에는 따뜻한 공기, 위에는 찬 공기가 덩어리를 이루고 있어서 적란운이 나타나면 인근 대기가 불안정해진다. 또 찬 공기와 따뜻한 공기가 빠른 속도로 뒤섞이면서 천둥과 번개를 동반한 많은 비를 짧은 시간 동안 집중적으로 퍼붓는다. 갑자기 형성되는 적란운으로 인한 집중 호우는 예측하기가 어렵다.

2 자북극은 지리상의 북극과 달리 5년에 약 1°씩 서쪽으로 계속 이동한다. 현재는 캐나다 북극권에 자북극이 와 있어서 인근 지역에서 오로라를 볼 수 있다. 그런데 삼국 시대부터 고려 시대에 이르는 기간에는 자북극이 유럽-러시아 북극권에 있었다. 그 덕분에 우리나라에서도 오로라를 볼 수 있었다. 《삼국사기》에만 오로라를 관측한 기록이 일곱 건 실려 있다.

3 우리나라 기상청은 지진 발생 정보를 최대한 빨리 통보하기 위해 '지진 조기 경보 체계'를 운영하고 있다. S파가 도달하기 전에 지진 발생 정보를 신속하게 분석하고 이를 알려 대처하도록 하는 것이 목적이다. 이 시스템은 진원에서 가장 가까운 관측소에서 지진파가 탐지되는 순간부터 분석이 시작된다. 그러나 지진 관측 장비는 매우 미세한 지반의 진동에도 반응하도록 설계되어 있어, 한두 개 정도의 지점에서 진동이 감지된 것만으로는 주변의 노이즈와 지진 신호를 구별하기 어렵다. 따라서 관측소를 충분히 구축하는 것이 중요하다. 2016년 기준 우리나라 지진 관측소는 206개로, 관측소 간 간격이 22km 정도였다. 그러다가 2016년 경주와 2017년 포항 지진을 겪은 뒤로 지진 관측소 108곳을 확충해 2019년 기준 평균 18km 간격으로 관측소를 구축했다.

4 심해 열수구 주변에 서식하는 무척추동물의 일종으로, 1977년에 갈라파고스 제도 인근에 있는 해저 산맥의 열수구 지역에서 처음 발견되었다. 학명은 *Riftia pachyptila*이고, 환형동물문에 속한다.

5 학명은 *Calyptogena soyoae*. 껍데기의 길이가 11cm에 달하는 커다란 조개로, 껍데기의 절반을 해저 바닥에 묻은 채로 일생을 보낸다.

6 우리나라 표준국어대사전에는 '보편적인 진리나 법칙의 발견을 목적으로 한 체계적인 지식. 넓은 뜻으로는 학(學)을 이르고, 좁은 뜻으로는 자연 과학을 이른다'라고 풀이되어 있다.

7 우리나라에서는 물리학, 화학, 동물학, 식물학, 생리학, 지질학, 천문학 등 자연계의 원리나 현상을 연구하는 학문 분야를 '이과(理科)'라고 한다.

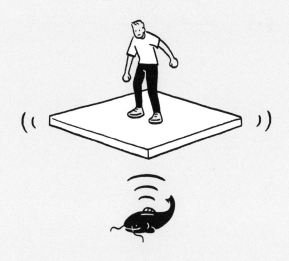

우주

Cosmology

영어 단어 'universe(유니버스)'와 'cosmos(코스모스)'는 둘 다 '우주'로 번역된다. 유니버스는 원래 '만물이 한 덩어리를 이룬 것'이라는 뜻으로 '삼라만상'에 해당한다. 반면 코스모스는 'chaos(카오스)', 즉 혼돈에 반대되는 뜻으로 '세계의 질서'라는 뜻이다. 두 단어 모두 우주를 가리키지만, 과학 세계에서 우주를 말할 때는 대부분 유니버스를 사용한다. 코스모스도 낭만적인 울림이 있어서 버리기 아까운 단어지만, 어쩌겠는가, 로마에 왔으니 로마의 법을 따라야지. 자, 유니버스의 세계로 안내하는 과학 용어들을 만나 보자.

광년·천문단위·파섹

【 Light year·Astronomical unit·Parsec 】

우주는 광대하다. 킬로미터처럼 지구에서 익숙한 단위를 우주에 적용하면
값이 너무 커져서 몹시 불편하다. 우주로 나가면 우주 규모의 단위를 사용해야 한다.

빛의 속도로 거리를 재다

빛은 초속 30만 km라는 엄청난 속도로 이동한다. 이 속도라면 1초 사이에 지구 둘레를
일곱 바퀴 반이나 돌 수 있다. 하지만 우주는 그야말로 광활하기에 이렇게 빠른 빛도 출
발한 곳에서 다른 곳에 도달하려면 기나긴 시간이 필요하다. 예컨대 태양계에서 가장 가
까운 항성(→ p.214)인 프록시마 센타우리는 지구에서 40조 km나 떨어져 있다. 이 항성에
서 빛이 출발해 지구에 도달하려면 40조 km÷30만 km/초=약 1억 3,400만 초, 햇수로
4.3년이나 걸린다.

우주에서의 거리를 논할 때는 이렇게 빛이 도달하는 데 걸리는 시간을 햇수로 환산해
'광년(LY)'이라는 단위를 붙인다. 프록시마 센타우리에서 지구까지 빛이 도달하는 데 4.3
년이 걸렸으므로 두 별 사이의 거리는 '4.3LY'이다.

'광년'이라는 단어에 햇수를 나타내는 '년'이라는 말이 붙기는 해도 시간이 아니라 거
리를 나타내는 단위임을 잊지 말자. 참고로 1LY=약 9조 5천억 km이다.

빛이 도달하는 데 걸리는 시간

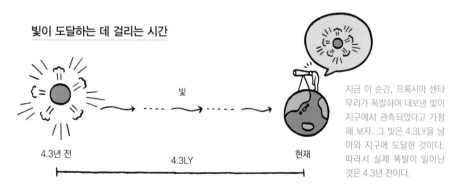

빛

4.3년 전
4.3LY
현재

지금 이 순간, 프록시마 센타
우리가 폭발하며 내보낸 빛이
지구에서 관측되었다고 가정
해 보자. 그 빛은 4.3LY을 날
아와 지구에 도달한 것이다.
따라서 실제 폭발이 일어난
것은 4.3년 전이다.

이렇듯 광년이라는 단위는 지금 지구에서 보이는 별의 모습이 몇 년 전 모습인지를 수
치로 간단하게 보여준다.

태양에서 지구까지의 거리

그런데 앞의 예보다 가까운 거리, 가령 태양계 안에서의 거리를 광년으로 나타내면 0.000……처럼 아주 작은 값이 되어서 오히려 더 불편해진다. 이럴 때는 태양에서 지구까지의 거리인 1억 5천만 km를 기준으로 거리를 환산한다. 이것을 '천문단위'라고 하며 기호는 'AU'[1]로 표시한다.

태양에서 목성까지의 거리는 7억 8천만 km이다. 천문단위로 환산하면 7억 8천만 km÷ 1억 5천만 km=5.2AU가 된다. 이렇게 계산한 천문단위의 값을 보면 태양에서 목성까지의 거리(5.2AU)는 태양에서 지구까지의 거리(1AU)보다 5.2배 멀다는 것을 쉽게 알 수 있다.

각도를 사용하는 방법

우주에서의 거리를 나타내는 데 사용하는 또 한 가지 단위로 '파섹(pc)'이 있다. 'parsec'에서 'par'는 '시차'를 뜻하는 단어 'parallax'에서 왔고, 'sec'은 '초'를 뜻하는 단어 'second'에서 왔다.

파섹

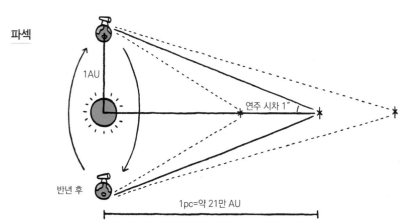

1AU

연주 시차 1″

반년 후

1pc=약 21만 AU

한 지점에서 하늘의 별을 관측하면 관측 시기에 따라 보이는 방향이 조금씩 바뀐다. 이는 지구가 공전해서 움직인 만큼 관측 위치가 달라졌기 때문이다. 이 원리를 이용해 '연주 시차'를 측정한다. 어떤 별을 한 차례 관측하고, 반년 뒤에 다시 관측해서 별이 얼마나 어긋나 보이는지 각도를 잰 다음, 이를 반으로 나눈 값이 연주 시차다. 가까운 별일수록 연주 시차가 크고, 멀리 있는 별일수록 연주 시차가 작아진다.

별의 연주 시차가 1″(=1/60′=1/3600°)일 때 태양과 별 사이의 거리를 1pc이라고 한다. 다른 단위로 환산하면 1pc=약 3.3LY=약 21만 AU=약 31조 km와 같다.[2] 지구에서 별까지의 거리는 연주 시차와 태양에서 지구까지의 거리(1AU)를 바탕으로 계산하면 된다.

태양계·행성·위성

【 Solar system·Planet·Satellite 】

끝을 알 수 없을 정도로 광대한 우주 전체와 비교하면
'태양계'쯤이야 우리 지구가 속한 동네 정도로 가깝게 느껴진다.
그러나 그 가까운 거리조차 실제로는 인간의 상상을 훨씬 넘어선다.

드넓은 태양계

'태양계'라는 키워드로 이미지를 검색하면 대략 다음과 같은 그림이 나온다.

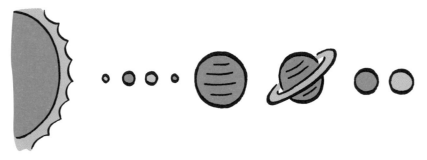

그러나 이런 이미지들은 천체의 크기나 행성 간 거리가 실제와 너무나 다르게 왜곡되어 있어서 태양계의 규모를 얼토당토않게 오해하게 한다. 실제 축척을 적용해 다시 정리하면 다음과 같은 모습이 된다.

실제 축적을 적용한 태양계의 모습

태양에서 가장 멀리 있는 행성인 해왕성까지 이 그림에 모두 그려 넣으려면 종이를 3.5m나 펼쳐야 한다. 이렇듯 태양계는 우리가 생각하는 것 이상으로 광대하고, 천체들 사이의 거리도 어마어마하게 멀다. 이것만 보더라도 인류가 원하는 행성에 탐사선을 보내려면 얼마나 고도의 기술이 필요한지 감이 올 것이다.

행성의 정의

태양계에는 크고 작은 여러 천체가 있다. 그중에서도 여덟 개의 '행성'이 이른바 태양계의 뼈대를 이루고 있다. 국제 천문 연맹 (IAU)에서는 다음 세 가지 조건을 만족하는 천체를 행성으로 정의한다.[3]

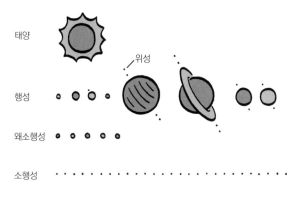

태양계의 천체

태양

위성

행성

왜소행성

소행성

혜성

① 태양을 중심으로 공전할 것.
② 자신의 중력으로 공 모양을 유지할 정도로 질량이 충분히 클 것.
③ 자신의 궤도 근처에 비슷한 크기의 다른 천체가 없어서 월등히 두드러지는 천체일 것.

이 세 가지 조건 중 ①과 ②는 만족하지만 ③을 만족하지 않는 천체를 '왜소행성'이라고 부른다.[4] 현재 왜소행성으로 분류된 천체는 '세레스'와 '명왕성' 등 다섯 개가 있다. 이 중 세레스는 화성과 목성 사이를 공전하며, 나머지 네 개의 왜소행성은 해왕성보다도 멀리 있다. 명왕성이 왜소행성으로 분류되기 전에 한동안 행성의 지위를 가졌던 이유는 어쩌다 일찍 발견되었으며, 실제보다 훨씬 큰 천체로 오인되었기 때문이다.

위성

행성 주변을 공전하며 어느 정도 크기를 유지하는 천체를 '위성'이라고 한다. 토성 등의 고리를 이루는 우주 먼지나 작은 암석 따위는 위성이라고 부르지 않는다. 목성의 위성인 '가니메데'나 토성의 위성인 '타이탄'은 행성인 수성보다 더 크지만, 아무리 규모가 커도 태양이 아닌 행성 주위를 공전한다면 위성이다.

최근에 명왕성보다 훨씬 더 먼, 태양에서 수백 천문단위(→ p.207) 떨어진 곳에 '제9행성(플래닛 9)'이라는 미발견 행성이 존재한다는 설이 대두되었다. 크기는 천왕성이나 해왕성만큼 클 것이라고 한다. 만약 이 행성이 정말 발견된다면 그동안 상대적으로 작은 규모로여겼던 태양계의 이미지도 단숨에 바뀔 것이다.[5]

소행성

【 Asteroid 】

태양계에는 행성과 위성 외에도 수많은 천체가 있다. '소행성'은 행성만큼 크지는 않지만, 지구와 태양계가 어떻게 이루어졌는지 이해하게 도와주는 힌트를 여럿 감추고 있다.

태양계의 명품 조연들

태양계의 천체 중 행성, 왜소행성, 위성을 제외한 나머지 천체를 '태양계 소천체'라고 부른다. 소행성과 혜성(→ p.212)이 여기에 속한다.

이 가운데 소행성은 암석이나 철로 이루어졌으며 주변에 가스를 뿜어내지 않는 천체를 가리킨다. 지금까지 소행성은 수십만 개가 발견되었다. 새로운 소행성을 발견하면 일단 발견 연월을 바탕으로 임시 번호를 붙여 둔다. 그 후에 추가 관측을 통해 궤도가 확정되면 '소행성 번호'라는 일련번호와 발견자가 지은 이름을 함께 붙인다. 예를 들어 임시 번호 1998 SF$_{36}$ 소행성에는 소행성 번호 25143번과 '이토카와'라는 이름을 붙여 주었다.

소행성을 분류하는 방식은 두 가지가 있다.

공전하는 위치를 기준으로

소행성대 …… 화성 궤도와 목성 궤도 사이에서 공전
트로이 소행성군 …… 목성 궤도 위에서 공전
지구 접근 소행성 …… 지구로 접근하는 궤도를 가진 소행성
해왕성 바깥 천체 …… 해왕성보다 멀리 있는 소행성

천체를 구성하는 물질을 기준으로

C형 소행성 …… 탄소가 많은 소행성
S형 소행성 …… 규소가 많은 소행성
X형 소행성 …… 철 등이 많은 소행성

소행성 중에서 가장 큰 천체는 '팔라스'로, 지름이 달의 7분의 1에 달하는 520km이다. 기존에는 세레스가 가장 큰 소행성으로 꼽혔으나, 2006년에 명왕성과 함께 왜소행성으로 분류되면서 가장 큰 소행성의 지위는 팔라스가 이어받게 되었다. 수많은 소행성 중에

서 가장 작은 소행성을 찾자고 들면 끝이 없겠지만, 지름 수십 미터에 불과한 작은 소행성도 발견된 적이 있다.

탐사선 하야부사

2003년에 발사된 일본의 탐사선 '하야부사'가 수많은 난관을 극복하고 2010년, 소행성 이토카와의 표본을 채취해 지구로 귀환했다. 이토카와는 길이가 500m로 작고 기다란 S형 소행성이다.

하야부사의 추진력을 얻는 데는 '이온 엔진'이라는 기술이 사용되었다. 이온 엔진은 가속은 몹시 느리지만, 연비가 대단히 좋아서 몇 년은 거뜬히 가동할 수 있다. 그래서 대량의 연료를 싣고 갈 수 없는 탐사선에 적용하기에 적합하다.

이온 엔진의 원리

제논이라는 기체에 마이크로파(→ p.75)를 가까이 하면 양이온(→ p.39)과 전자(→ p.39)로 분해된다. 그 양이온을 전기장(→ p.68)에서 가속시켜 분사구로 분출시킴으로써 추진력을 얻는다. 전자는 엔진 내부에 고이지 않도록 중화 장치를 통해 따로 방출한다.

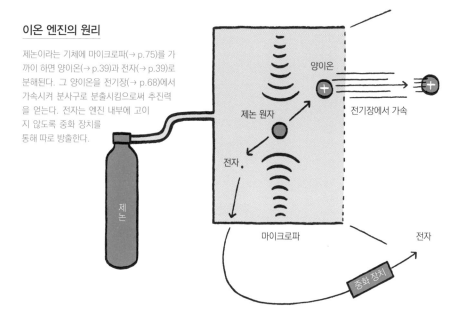

양이온

전기장에서 가속

제논 원자

전자

제논

마이크로파

전자

중화 장치

일본은 2014년에 후속 탐사선인 하야부사 2를 쏘아 올렸다. 이번 목적지는 지구 접근 소행성이자 C형 소행성인 '류구'다. 과연 그곳에는 생명을 위한 물질이 존재할까? 탐사선은 천체의 구조와 환경 등을 자세히 조사할 것이며, 그 성과는 미래에 지구 접근 소행성과 지구의 충돌을 피하는 방법을 찾아내는 일로 이어질 것이다. 하야부사 2는 2020년에 류구의 표본을 가지고 지구로 귀환할 예정이다.

혜성

【 Comet 】

'혜성'의 핵은 태양계가 생긴 초기 단계에 태양계의 가장자리 부근에서
생겼을 것으로 추측된다. 따라서 과학자들은 혜성도 소행성과 마찬가지로
초기 태양계의 정보를 간직하고 있을 것으로 기대하고 있다.

더러워진 눈덩이

때로 기다란 꼬리를 끌며 지구에 접근했다가 멀어지는 신비로운 천체, 혜성. 그런데 혜
성은 꼬리만 길었지 본체의 길이는 고작 수백 미터에서 수 킬로미터 정도밖에 되지 않는
다. 또 먼지 섞인 얼음이 마치 더러워진 눈덩이 같은 구조를 이루고 있다. 이 같은 혜성의
본체를 '혜성 핵'이라고 한다.

혜성의 구조

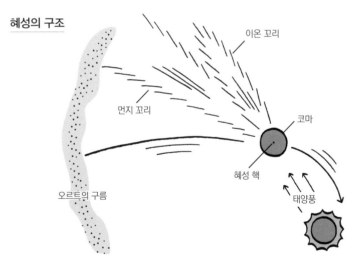

이온 꼬리

먼지 꼬리

코마

혜성 핵

태양풍

오르트의 구름

혜성은 원래 태양계 외곽의 '오르트의 구름'이라 불리는 영역을 떠돈다. 그러다가 어떠
한 계기로 태양에 가까워지면 태양이 내는 열에 얼음이 승화(→ p.111)하면서 가스와 먼지
가 주변 수백만 킬로미터 범위로 퍼진다. 거기에 태양광이 반사되면서 희뿌옇게 빛이 나
는데, 이를 '코마'라고 한다. 그리스어 'coma'는 '머리카락'이라는 뜻이다.

그리고 태양에 더 가까워지면 태양풍(→ p.180)에 가스와 먼지가 날려서 수억 킬로미터에 달하는 긴 '꼬리'가 생긴다. 혜성의 꼬리는 두 개다. 가스가 태양의 반대 방향으로 맹렬하게 퍼지면서 생성되는 것을 '이온 꼬리'라고 한다. 반면 먼지는 가스보다 훨씬 느리게 퍼지므로 혜성 핵의 움직임을 뒤늦게 쫓으며 구부러진 꼬리를 만드는데, 이것을 '먼지 꼬리'라고 한다.[6]

대부분의 혜성은 태양에 한 번 접근한 뒤에는 멀리 날아가서 두 번 다시 돌아오지 않는다. 그러나 아주 간혹 멀리 날아가는 도중에 목성 등의 중력에 이끌려서 태양 주변을 공전하게 되는 혜성들이 있다. 이런 혜성을 '주기 혜성'이라고 한다. 이들은 정기적으로 태양에 접근해 코마나 꼬리를 만든다. 우리에게 잘 알려진 핼리 혜성은 76년마다 태양에 접근하는 주기 혜성이다.

주기 혜성

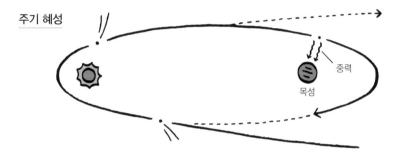

중력
목성

지금까지 발견되어 궤도가 확정된 혜성은 수천 개로, 소행성의 수보다 훨씬 적다. 그중에서도 주기 혜성은 더 적어서 약 700개에 불과하다.

혜성 탐사

1986년에 핼리 혜성이 지구에 접근하자 미국과 일본 등 전 세계가 탐사선을 쏘아 올렸다. 그중에서도 유럽 우주 기구(ESA)가 보낸 탐사선 '지오토'는 혜성 핵에서 약 600km 거리까지 접근해서 혜성의 모습을 촬영했다.

유럽 우주 기구는 2004년에 또 다른 혜성 탐사선 '로제타'를 쏘아 올렸다. 목적지는 주기 혜성인 추류모프-게라시멘코 혜성이었다. 10년이 걸려서 혜성에 도착한 로제타는 세계 최초로 혜성 핵 표면에 이동 탐사 로봇 '필레'를 착륙시키는 데 성공했다. 그뿐 아니라 혜성이 태양에 접근해서 가스를 분출하는 모습도 관측해 냈다.

우주에는 지구에서 망원경으로 바라보는 것만으로는 풀 수 없는 비밀들이 산더미처럼 쌓여 있다. 원하는 곳에 언제든지 탐사선을 보내 호기심을 풀게 되는 날이 과연 인류에게 찾아올까?

항성

【Fixed star】

별자리를 그리며 밤하늘을 아름답게 수놓는 '항성'들은 언제까지나 변하지 않고
그 자리에 있을 것만 같다. 하지만 별들도 인간과 마찬가지로 생과 사의 과정을 거친다.

Physics — Electricity — Chemistry — Biology — Geography — Cosmology

항성

행성과 위성은 스스로 빛을 내지 않고 태양의 빛을 반사해 빛난다. 그러나 밤하늘에 보이는 별들은 대부분 태양과 마찬가지로 스스로 빛을 낸다. 이런 별을 '항성'이라고 한다. 물론 태양도 항성이다.

항성은 제각기 다른 방향으로 이동하고 있지만, 서로 엄청나게 멀리 떨어져 있어서 수십 년 동안 지켜보아도 그 움직임을 거의 알아차릴 수 없다. 그래서 밤하늘에서 항성 간의 위치 관계, 즉 별자리의 형태는 몇 년이 지나도 거의 바뀌지 않는다. 이런 별들과 비교하면 태양계 내의 행성들은 지구에서 꽤 가까운 편이어서 며칠에서 몇십 일가량 관측하면 그 움직임을 금세 파악할 수 있다. 이런 까닭에 행성은 별자리를 배경으로 두고 매일매일 위치를 바꾸고 있는 것처럼 보인다. 항성과 행성의 이 같은 특징은 이름에서도 엿볼 수 있다. '항성'은 '항상 변하지 않는 별', '행성'은 '떠돌이별'이라는 뜻이다.

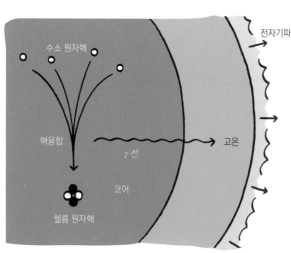

전자기파

수소 원자핵

핵융합

γ 선

고온

코어

헬륨 원자핵

별은 왜 빛날까?

별, 즉 항성을 빛나게 하는 것은 핵융합(→ p.53) 에너지다. 항성의 중심 부분(코어)은 초고온, 초고압 상태여서 내부에서 수소 원자핵끼리 융합해 헬륨의 원자핵을 만들어 낸다. 이때 발생하는 γ 선(→ p.48)이 항성 내부를 뜨겁게 하고, 그 열로 인해 항성 표면에서 가시광선을 포함한 다양한 파장의 전자기파(→ p.75)가 방출된다.

항성의 일생

사람처럼 태어나고 죽는 항성의 일생을 살펴보자.

탄생에서 죽음까지

분자운
산소, 수소, 탄소, 질소 등의 가스가 결합해 복잡한 분자를 이루고 있는 구름 모양 천체(분자운)가 우주 공간 여기저기에 있다.

원시별
중력에 의해 그 가스가 한데 모이면 서서히 온도와 압력이 오르고, 이윽고 핵융합이 시작된다. 이렇게 새로운 항성이 탄생한다.

주계열성
어느 정도 시간이 흐른 후, 항성은 계속해서 수소 핵융합 반응을 일으키면서 오랫동안 안정적으로 빛을 낸다. 이러한 별을 주계열성이라 하며, 질량이 클수록 표면 온도가 높고 더 밝다.

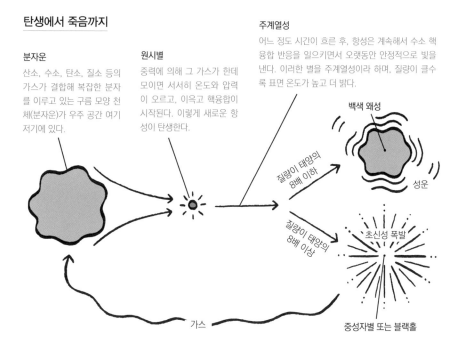

질량이 태양의 8배 이하

백색 왜성

성운

질량이 태양의 8배 이상

초신성 폭발

중성자별 또는 블랙홀

가스

질량이 작은 항성일수록 주계열성 시기가 길고, 질량이 큰 항성일수록 이 시기가 짧다. 태양은 주계열성 시기가 100억 년 정도 되는데, 현재 태어난 지 약 50억 년이 지났다. 오랜 세월이 흐른 뒤 핵융합의 원료가 되는 수소가 바닥나면 항성은 죽음을 맞이한다. 죽음의 모습은 항성의 질량에 따라 달라진다.

대략 질량이 태양의 여덟 배 이하인 항성은 주변으로 천천히 가스를 뿜어내 성운을 만들고, 중심에 백색 왜성이라는 작은 천체를 남긴다. 그보다 질량이 큰 항성은 격렬한 폭발을 일으키는데, 이를 '초신성 폭발'이라고 한다. 그전까지 어두워서 거의 보이지 않던 별이 급작스럽게 밝게 빛을 내는 모습이 마치 새로운 별(신성)이 나타난 것 같은 착각을 일으켜 신성과 구별해 초신성이라고 부르게 되었다. 초신성 폭발 후에는 중성자별이라는 아주 작고 무거운 천체나 블랙홀(→ p.220)이 남는다.

항성이 죽을 때 우주로 흩어진 가스는 어디선가 또다시 모여 새로운 항성의 재료가 된다. 항성은 그렇게 윤회하며 생과 사를 되풀이한다.

은하

【 Galaxy 】

사람들이 일정한 지역에 모여 마을을 이루고 살 듯이 별들도 한데 모여 무리를 이룬다.
지구에 사람의 마을이 한둘이 아니듯이 우주에 있는 별들의 마을도 셀 수 없이 많다.

Physics | Electricity | Chemistry | Biology | Geography | Cosmology

별들의 대규모 집단

우주에는 무수히 많은 항성이 있다. 이들은 우주 공간에 균일하게 분포하지 않고, 서로
의 중력으로 한데 모여 무리를 이루고 살아간다. 수백만에서 수천억 개에 달하는 항성들
이 이루는 무리, 그것이 '은하'다.

별들은 어떻게 무리를 이룰까?

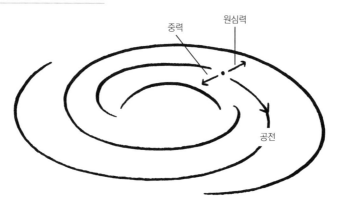

만약 은하를 이루는 항성들이 제자리에 멈춰 선다면, 항성 간의 중력이 계속해서 서로를 맞당겨서 결국 은하가 작게 쪼그라
들고 말 것이다. 그러나 실제로 각각의 항성들은 태양계의 행성들과 마찬가지로 은하 중심을 기준으로 공전하고 있다. 그
덕분에 중력과 원심력(→ p.33)이 함께 작용해서 항성은 은하의 중심으로부터 일정한 거리를 유지할 수 있다.

은하는 우주 전체에 1,000억 개 이상 존재하는 것으로 여겨진다. 한 은하의 크기가 대
략 수만 광년(→ p.206)에 이르는데, 은하 간 거리는 수백만 광년씩이나 된다고 한다. 즉,
은하들은 우주 공간에 드문드문 흩어져 있다.

우리은하

우리의 태양계가 소속된 은하를 '우리은하' 또는 '은하계'라고 부른다. 우리은하는 중심부가 약간 불룩하고 그 주위에 나선 모양의 팔이 감겨 있는 형태로 이루어졌다. 이러한 은하를 '나선 은하'라고 한다.

약간 불룩한 가운데 부분을 '중앙 팽대부' 또는 '벌지'라고 부르며, 중앙 팽대부 주변의 평평한[7] 부분을 '원반' 또는 '디스크'라고 한다. 그 바깥쪽으로 항성과 가스가 드문드문 퍼져 있는 것은 '헤일로'라고 한다. 참고로 헤일로는 종교화에서 성인의 머리 위에 나타내는 후광 고리를 뜻한다.

우리은하의 대략적인 모습

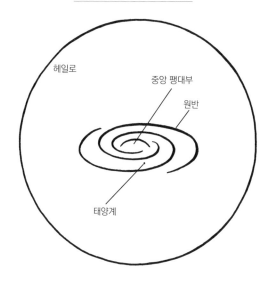

헤일로
중앙 팽대부
원반
태양계

우리은하의 지름은 약 10만 LY으로, 은하 중에서도 비교적 큰 편이다. 태양계는 우리은하의 중심에서 약 2만 5,000LY 떨어진 가장자리에 있다. 또 우리은하를 기준으로 공전하는 작은 은하가 몇 개 있는데, 그중 대마젤란은하와 소마젤란은하는 남반구에서 맨눈으로도 쉽게 볼 수 있다. 우리은하에 가장 가까운 대형 은하는 안드로메다은하로, 약 250만 LY 떨어져 있다. 어두운 하늘에서는 육안으로도 볼 수 있다.

허블의 위업

1920년대까지는 우주에 우리은하 하나밖에 없고, 그 바깥쪽의 우주 공간은 완전히 비어 있다고 여겼다. 안드로메다은하도 우리은하 안에 있는 작은 천체로 여겼다. 그러나 미국의 천문학자 에드윈 허블이 안드로메다은하가 사실은 우리은하에서 꽤 떨어진 곳에 있는 커다란 천체 무리라는 것을 발견하면서 이 우주에 셀 수 없이 많은 은하가 존재한다는 사실이 밝혀졌다.

허블은 이처럼 우주에 대한 개념을 통째로 뒤집었으나 아쉽게도 노벨상을 받지 못하고 세상을 떠났다. 그 대신이라고 할 수는 없겠지만, 미국 항공 우주국은 우주 망원경에 허블의 이름을 붙여 그가 이룩한 위업을 기리고 있다.

은하단·우주 거대 구조

【Cluster of galaxies·Large Scale Structure of the Universe】

항성들이 모여 은하를 이루는 것처럼 은하들도 모여서 한층 더 큰 구조를 이룬다.
최근 들어 이 거대한 구조가 조금씩 밝혀지고 있다.
혹시 아직 인류가 발견하지 못한 더 큰 구조가 또 있지는 않을까?

은하들의 무리

은하는 우주 공간 곳곳에 균일하게 배열되어 있을까? 그렇지 않다. 몇 개부터 몇천 개에 이르는 은하가 한데 모여 '은하군'이나 '은하단'이라는 무리를 이루고 있다. 은하가 몇 개에서 몇천 개 정도 모여 있는 무리를 은하군, 그보다 규모가 큰 집단을 은하단이라고 부른다. 태양계가 속한 우리은하는 안드로메다은하 등과 함께 '국부 은하군'을 이루고 있다.

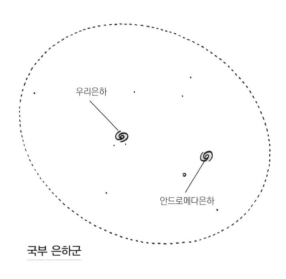

국부 은하군

은하군과 은하단이 더 많이 모이면 '초은하단'이라는 무리가 완성된다. 크기는 1억 LY(→ p.206) 이상이며 그리 뚜렷한 형태는 아니다. 초은하단 안에는 은하들이 특히 밀집해 있는 곳이 있는데 은하들은 중력에 이끌려 일제히 그곳을 향해 움직인다.

최근까지도 국부 은하군은 '처녀자리 초은하단'의 외곽에 있는 것으로 여겨졌다. 그런데 2014년, 처녀자리 초은하단이 더욱 거대한 '라니아케아 초은하단'에 속해 있다는 사실이 밝혀졌다. 라니아케아 초은하단은 무려 지름이 4억 LY 이상이며, 대형 은하를 10만 개 이상 거느리고 있다고 한다.

우주 거대 구조

아직 끝이 아니다. 1990년 이후에 많은 은하의 위치를 추정해서 그 분포 상황을 지도에 옮기려는 시도가 몇 차례 있었다. 그렇게 분포도를 그려 보니 다음 그림처럼 초은하단조차도 균등하게 흩어져 있지 않음이 밝혀졌다. 초은하단보다 더 큰 구조, 그러니까 은하들이 이루는 구조 중에서 가장 큰 구조를 '우주 거대 구조'라고 한다.

우주의 거대 구조

아래 그림은 수십억 광년 범위의 우주를 간략하게 표현한 것이다. 점 하나하나가 은하 또는 은하단을 나타낸다.

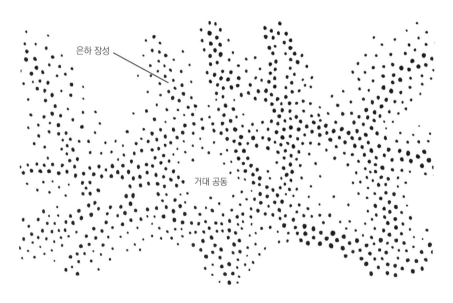

은하 장성

거대 공동

은하들은 수백만 광년이 넘는 긴 끈 모양으로 이어져 있는데, 그 모습이 마치 만리장성처럼 기다란 벽과 같아서 이 부분을 '은하 장성' 또는 '거대한 벽'이라고 한다. 은하 장성은 우주라는 3차원 공간에 수없이 많이 분포하며 그물처럼 이리저리 얽혀 있다. 이들이 만나 얽혀 있는 지점에 은하단과 초은하단이 분포한다. 그리고 은하 장성이 분포하는 사이사이에 은하가 거의 보이지 않는 매우 넓은 공간이 있는데, 이 부분을 '거대 공동'이라고 부른다.

블랙홀

【 Black hole 】

과거에는 아인슈타인조차 '블랙홀'이 실존하리라고 믿지 않았다.
그러나 초신성 연구를 통해 블랙홀이 생성되는 과정을 알게 되었고
마침내 인류는 실제로 블랙홀을 촬영하는 데 성공했다.

우주의 검은 구멍

　질량이 매우 큰 별은 생의 마지막에 초신성 폭발(→ p.215)을 일으키며 대량의 물질을 우주에 흩뿌린다. 이때 중심에 남은 물질들은 자신들의 중력으로 서로 끌어당기며 점점 작게 압축되는데, 만약 남은 물질의 질량이 대략 태양의 세 배 이하이면 적당히 압축되어 중성자별이 된다. 하지만 남은 물질의 질량이 태양의 세 배 이상으로 크면 이 물질들은 강한 중력에 의해 무한히 압축되다가 끝내는 한 점으로까지 줄어든다. 이때 주변에 작용하는 중력은 빛마저도 빠져나갈 수 없을 만큼 강력하다. 이렇듯 빛 한 점 새어 나오지 않으니 멀리에서 보면 새까맣게 보인다. 빛마저 빨아들이는 검은 구멍, 이것이 바로 '블랙홀'이다.

블랙홀의 생성

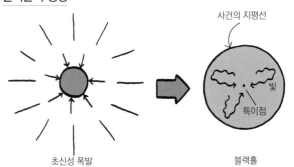

사건의 지평선

초신성 폭발

블랙홀

특이점

빛

블랙홀의 중심에서는 물질이 한 점으로까지 압축되어 계산상 밀도가 무한대가 된다. 평범하게 생각하기 어려운 특이한 장소라고 해서 이 지점을 '특이점'이라고 부른다. 또 빛이 탈출할 수 없는 범위의 경계를 '사건의 지평선'이라고 하는데, 지상에서 지평선 너머를 보지 못하는 것에 빗댄 이름이다.

　이처럼 초신성 폭발로 만들어진 블랙홀을 '항성질량 블랙홀'이라고 한다. 크기는 천체치고는 매우 작은 수십 킬로미터다. 우리은하나 가까운 은하에서 몇 개씩 발견되었다.

　한편 대다수 은하의 중심에는 훨씬 더 거대한 블랙홀이 존재한다. 질량은 태양의 수백만 배에 이르고, 크기는 태양계의 지름에 가깝다. 그러한 블랙홀을 '초대질량 블랙홀'이

라고 한다. 초대질량 블랙홀은 우리은하 중심에도 있는데, 어떻게 생성되는지는 아직 정확히 밝혀내지 못했다.

블랙홀 관측

블랙홀은 새까매서 망원경으로 보려 해도 보이지 않는다. 그러나 아주 가까이에 다른 항성이 있다면 빛이 발산되므로 간접적으로 발견할 수 있다.

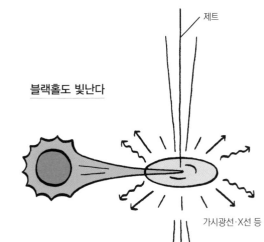

블랙홀도 빛난다

제트

가시광선·X선 등

항성의 가스는 블랙홀로 빨려들어 갈 때 초고온으로 가열되어 가시광선이나 X선 등으로 밝게 빛난다. 또 빨려들어 가는 과정이 무시무시할 만큼 격렬해서 가스 일부가 엄청난 속도로 튕겨 나오면서 가느다란 기둥 모양으로 빛나는데, 이를 '제트'라고 한다. 때로 제트의 길이는 몇만 광년에 달하기도 한다.

얼마 전, 전 세계의 전파 망원경을 연계해서 블랙홀 본체의 실루엣을 직접 촬영하고자 하는 시도가 진행되었다. 그리하여 2019년 4월, 사건의 지평선 망원경(EHT) 국제 연구진이 최초로 블랙홀을 관측하는 데 성공했다. 블랙홀을 관측하는 순간은 전 세계에 생중계되었고, 현재도 그때 촬영된 블랙홀의 사진을 찾아볼 수 있다.

증발하는 블랙홀?

흔히 블랙홀은 새까맣다고 하지만, 사실 양자 역학(→ p.42)적 사고에 따르면 희미하게 빛을 발하면서 조금씩 작아져 간다고 한다. 이것은 영국의 천체 물리학자 스티븐 호킹이 이론적으로 밝혀낸 현상으로 '호킹 복사'라고 부른다. 다만 보통 블랙홀은 매우 희미한 빛을 발하는 탓에 사실상 새까만 것이나 다름없다.

그러나 우주 탄생 때와 입자 가속기 실험 때에 소립자(→ p.40) 정도 크기의 미니 블랙홀이 생성되었다는 설이 있다. 그러한 블랙홀은 호킹 복사가 매우 강해서 눈 부신 빛을 내뿜고 금세 모습을 감추어 버린다고 한다. 이를 '블랙홀 증발'이라고 하는데 아직 실제로 발견된 적은 없다.

빅뱅·급팽창 이론

【 Big bang·Inflation theory 】

우주는 언제 어떻게 시작되었을까? 우주가 존재하지 않았던 때도 있었을까?
인류는 우주 곳곳에 남겨진 여러 증거를 바탕으로 우주 탄생의 비밀을 밝혀 가고 있다.

Physics | Electricity | Chemistry | Biology | Geography | Cosmology

우주의 신생아 시절

우주는 지금으로부터 138억 년 전, '빅뱅'으로 탄생했다고 한다. 영어 'big bang'을 직역하면 '거대한 쾅' 또는 '대폭발'로 표현할 수 있다. 1940년대에 영국의 유명 천문학자 프레드 호일이 빅뱅 이론을 멍청한 발상 취급하며 '그런 대폭발이 가당키나 하느냐'고 내뱉은 말이 그대로 과학 용어로 정착해 버렸다고 한다.

빅뱅 이전에 우주는 상상의 한계를 훨씬 뛰어넘을 정도로 초고밀도, 초고온 상태에 갇혀 있었다. 모든 물질은 소립자(→ p.40) 상태로 덩어리를 이루고 있었다.

우주의 역사

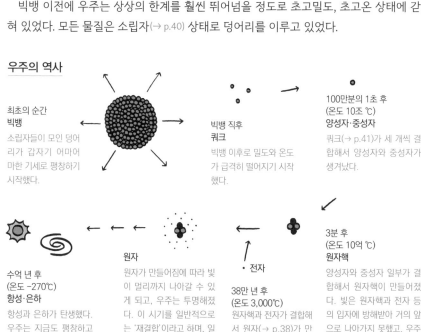

최초의 순간
빅뱅
소립자들이 모인 덩어리가 갑자기 어마어마한 기세로 팽창하기 시작했다.

빅뱅 직후
쿼크
빅뱅 이후로 밀도와 온도가 급격히 떨어지기 시작했다.

100만분의 1초 후
(온도 10조 ℃)
양성자·중성자
쿼크(→ p.41)가 세 개씩 결합해서 양성자와 중성자가 생겨났다.

3분 후
(온도 10억 ℃)
원자핵
양성자와 중성자 일부가 결합해서 원자핵이 만들어졌다. 빛은 원자핵과 전자 등의 입자에 방해받아 거의 앞으로 나아가지 못했고, 우주는 불투명했다.

· 전자

38만 년 후
(온도 3,000℃)
원자핵과 전자가 결합해서 원자(→ p.38)가 만들어졌다.

원자
원자가 만들어짐에 따라 빛이 멀리까지 나아갈 수 있게 되고, 우주는 투명해졌다. 이 시기를 일반적으로는 '재결합'이라고 하며, 일본에서는 '우주의 맑게 갬'이라고 부른다.

수억 년 후
(온도 -270℃)
항성·은하
항성과 은하가 탄생했다. 우주는 지금도 팽창하고 있다.

빅뱅의 근거

빅뱅 이론이 탄생하는 계기를 마련한 사람은 천문학자 허블(→ p.217)이다. 그는 1929년에 먼 은하일수록 빠른 속도로 멀어져 가는 것(허블의 법칙)을 발견함으로써 우주가 팽창하고 있음을 밝혀냈다.

1960년대까지는 빅뱅 같은 얼토당토않은 일이 진짜로 일어난 게 맞느냐고 의심하는 과학자들이 많았다. 그러나 1965년에 미국의 과학자 아노 펜지어스와 로버트 윌슨이 우주의 모든 방향에서 특정한 마이크로파(→ p.75)가 지구로 날아오는 것을 발견했다. 이것이 빅뱅 이론이 사실임을 증명하는 데 결정적인 근거가 되었다.

우주에서 지구로 찾아오는 마이크로파

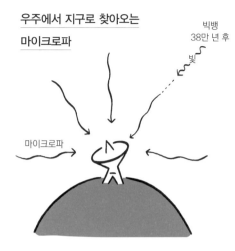

빅뱅으로부터 38만 년 후 우주가 맑게 개면서 빛은 멀리까지 나아갈 수 있게 되었다. 그 빛이 현재에 이르는 시간 동안 사방으로 뻗어 나가 마이크로파로 변화했고, 모든 방향에서 거의 비슷한 강도로 지구에 도달하고 있다. 이것을 '우주 배경 복사'라고 한다.

엄청나게 급격한 팽창

그러나 빅뱅 이론에는 중대한 결점이 있었다. 이 우주에서는 어느 방향을 보아도 대부분 비슷한 모습으로 은하가 펼쳐져 있는데, 빅뱅 이론으로는 그 사실을 아무리 해도 설명할 수 없었다. 이에 1980년대, 미국의 앨런 구스와 일본의 사이토 가쓰히코 등 몇몇 물리학자가 다음과 같은 아이디어를 떠올렸다.

빅뱅 직후의 급팽창

빅뱅 직후, 10^{-34}초부터 10^{-32}초 사이에 우주가 엄청나게 급격히 팽창했다. 이로 인해 들쑥날쑥하던 우주 상태가 거의 고르게 균일해졌다. 이 무시무시한 팽창 현상을 물가 급상승을 가리키는 인플레이션에 빗대어 '급팽창 이론' 또는 '인플레이션 이론'이라고 부른다.

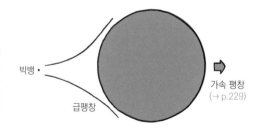

정리하면, 현대 우주론 모형에서는 우주가 138억 년 전에 대폭발(빅뱅)을 일으켰으며, 직후에 원자보다 더 작은 크기에서 축구공만 한 크기로 빛보다 빠르게 급팽창(인플레이션)함으로써 상태가 균일해졌고, 이후 계속 팽창하고 식으면서 우주 탄생의 흔적인 우주 배경 복사를 남긴 것으로 본다.

중력파

【Gravity wave】

'중력'도 '파'도 우리에게는 잘 알려진 과학 용어다.
그런데 이 둘을 붙여 놓으니 무엇을 가리키는지 머릿속에 쉽게 그려지지 않는다.
2017년 노벨 물리학상의 영예를 안겨 준 '중력파'에 대해 알아보자.

공간의 진동

우주 공간에 그물처럼 촘촘하게 고무줄이 둘러쳐진 모습(→ p.29)을 떠올려 보자. 이 공간에 항성(→ p.214) 등의 천체가 있으면, 천체의 중력에 의해 고무줄(공간)이 휘어진다. 그래서 우주선이 고무줄을 따라 나아가다가 어느새 천체 쪽으로 끌려가게 된다. 이처럼 공간을 휘게 하는 힘의 정체가 바로 중력이다. 그렇다면 예로 든 그 천체가 운동(→ p.20)을 하고 있다면 어떤 일이 벌어질까?

중력파 발생의 원리

천체가 갑자기 움직이면 그에 따라 주위의 고무줄(공간)이 파르르 떨린다. 그 진동은 파장이 되어 고무줄을 타고 사방팔방으로 퍼진다. 이때 진동이 퍼지는 속도는 빛의 속도와 같다. 단, 진동의 크기는 원자나 원자핵(→ p.39) 등의 입자보다 훨씬 작다.

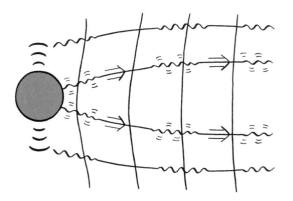

우리 주변의 물체가 운동할 때, 예를 들면 누군가가 팔만 휘둘러도 중력파가 발생한다. 하지만 너무나 약해서 현재의 기술로는 도저히 측정할 수가 없다. 중성자별이나 블랙홀(→ p.220)처럼 질량이 어마어마하게 큰 천체가 힘차게 운동했을 때 발생하는 중력파 정도는 되어야 겨우 측정할 수 있다. 이렇게 질량이 큰 천체 두 개가 접근하면 두 천체는 서로의 주변을 빙글빙글 공전하면서 점점 가까이 다가간다. 그러다가 결국 두 천체가 충돌하는데, 그때 매우 강한 중력파가 발생한다.

중력파 관측

중력파의 존재는 이미 100여 년 전에 아인슈타인이 예언했으나 검출하기가 대단히 어려운 탓에 오랫동안 누구도 발견하지 못했다. 그러나 최근 세계 여러 나라가 앞다투어 중력파를 가장 먼저 관측하고자 몇몇 곳에 대형 관측 시설을 마련했다. 장치의 원리는 대부분 비슷하다.

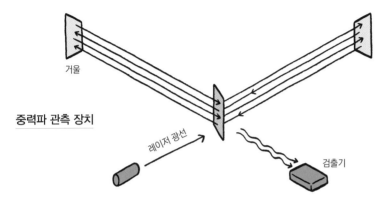

거울

중력파 관측 장치

레이저 광선

검출기

'ㄱ'자 형태로 놓인 수 킬로미터 길이의 진공 터널 끝부분에 각각 거울을 설치하고, 레이저 광선을 둘로 나누어 하나는 직진하고 하나는 90˚ 방향으로 진행하게 한 후 레이저 광선이 여러 번 왕복하게 한다. 중력파는 한쪽 터널의 거리를 늘어나게 하거나 줄어들게 하므로 만약 중력파가 찾아오면 두 빛이 날아간 거리에 미세한 차이가 생긴다. 그러면 검출기에 나타나는 파동의 마루(가장 높은 지점)와 골(가장 낮은 지점)이 완벽하게 일치하지 않고 미세하게 어긋난다. 이를 간섭무늬라고 하며, 이것이 바로 중력파가 존재한다는 증거가 된다.

중력파의 첫 관측

2015년 9월, 미국의 중력파 관측소 '라이고(LIGO)'에서 세계 최초로 중력파를 관측하는 데 성공했다. 관측 데이터를 분석해 보니 해당 중력파는 지구에서 13억 LY(→ p.206) 떨어진 곳에서 두 개의 블랙홀이 충돌하면서 발생한 것이었다.

빛은 무언가에 가로막히면 관측할 수 없다. 하지만 중력파는 어떤 것으로도 차단할 수 없다. 따라서 망원경으로 관측할 수 없는 다양한 천체 현상을 앞으로는 중력파 관측을 통해 틀림없이 해명할 수 있을 것이다.

우주 어디에서 어떤 현상이 일어났는지 자세히 알기 위해서는 전 세계 각지에서 동시에 관측할 필요가 있다. 현재 이탈리아에서는 '비르고(VIRGO)', 독일에서는 '지오 600(GEO 600)'이 힘을 보태고 있으며, 일본이 개발한 중력파 검출기 '카그라(KAGRA)'도 곧 시험 운영을 마치고 중력파 검출에 합류할 예정이다.

외계 행성

【Extrasolar planet】

태양 주변에는 여덟 개의 행성이 돈다. 태양은 많고 많은 항성 중 하나이므로
이 우주에 또 다른 항성 주변을 도는 행성들이 있다는 사실은 그리 놀라운 일도 아니다.

태양계 바깥의 행성들

태양 외의 다른 많은 항성(→ p.214) 주변에도 행성(→ p.209)들이 공전하고 있다. 그러한
행성을 '태양계 바깥 행성' 또는 '외계 행성'이라고 한다. 그리고 태양처럼 행성을 거느리
는 항성을 '주성'이라고 한다.

잘 보이지 않는 외계 행성

모기

투광등

외계 행성은 지구에서 몇 광년씩이
나 떨어져 있는 데다가 주성이 훨씬
더 밝은 탓에 관측하기가 대단히 어
렵다. 마치 몇 킬로미터나 떨어진 곳
에서 아주 밝은 투광등 옆을 날아다
니는 모기를 찾아내는 것과 같다.

1990년대까지 외계 행성은 단 하나도 발견되지 않았다. 그러나 1995년에 스위스의 천
문학자 미셸 마요르와 디디에 쿠엘로가 처음으로 '페가수스자리 51'이라는 항성 주변에
서 외계 행성을 발견했다. 외계 행성의 이름을 지을 때는 주성 이름 뒤에 발견된 순서에
따라 'b', 'c', 'd'……('a'는 주성이다)를 차례로 붙인다. 마요르와 쿠엘로가 발견한 이 외계
행성은 '페가수스자리 51b'라는 이름을 얻었다.

페가수스자리 51b는 목성을 닮은 거대 행성이지만, 주성과의 거리가 태양에서 지구 사

이 거리의 20분의 1에 지나지 않는다. 이렇게 주성에서 아주 가까이에 있는 대형 행성들을 '뜨거운 목성'이라고 부른다.

마요르와 쿠엘로는 우주 내 지구의 위상을 이해하는 데 기여한 공로를 인정받아 2019년 노벨 물리학상을 받았다(미국의 제임스 피블스와 공동 수상). 천문학 발전에 획을 그은 이들의 발견 이후 현재까지 은하계에서 4,000개가 넘는 외계 행성이 발견되었다.

외계 행성을 찾는 방법

외계 행성은 망원경으로 직접 발견하기가 몹시 어려우므로 두 가지 간접적인 방법을 주로 이용한다.

① 트랜싯 법

영어 'transit'은 '통과'한다는 뜻이다. 외계 행성이 주성 앞을 가로질러 통과할 때면 주성의 빛이 살짝 어두워진다. 트랜싯 법은 한 항성의 밝기를 장기간 관측하면서 주기적으로 어두워지는 현상을 확인하는 방법이다.

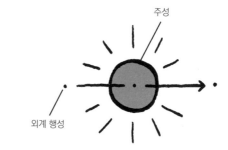

② 도플러 분광학

외계 행성이 주성 주위를 공전하면 그에 따라 주성도 살짝살짝 흔들린다. 그러면 주성이 보내는 빛의 스펙트럼(→ p.36)이 주기적으로 변한다. 이것을 '도플러 효과'라고 한다. 이렇게 변화하는 스펙트럼을 분광기라는 장치로 관측하는 방법을 도플러 분광학 또는 '시선 속도법'이라고 한다.
이 방법으로 페가수스자리 51b를 발견했다.

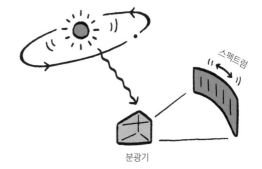

분광기

외계 생명체는?

어쩌면 크기와 온도가 지구와 비슷한 지구형 행성에는 생명체가 살고 있을지도 모른다. 2016년, 태양계에서 가장 가까운 항성인 프록시마 센타우리에서 바로 그런 지구형 행성이 발견되었다. 또 2017년에는 지구에서 39LY(→ p.206) 떨어진, 비교적 가까운 항성 '트래피스트 원'에서 비슷한 행성이 세 개나 발견되었다. 과연 그곳에는 생명체가 있을까? 언젠가 탐사가 실현되기를 꿈꾼다.

암흑 물질·암흑 에너지

【Dark matter·Dark energy】

'암흑'이라는 수식어가 붙은 물질이나 에너지는 소설이나 영화에나 등장할 것 같다.
그런데 이러한 물질과 에너지가 실제로 우주에 존재한다고 한다.
다만 그 정체는 여전히 암흑 속에 숨겨져 있다.

보이지 않는 물질

은하는 다른 은하들과 중력으로 서로서로 끌어당기면서 동시에 은하단 중심부를 기준으로 공전한다(→ p.218). 은하단에 있는 은하들이 뿔뿔이 흩어지지 않는 까닭은 중력과 원심력이 균형을 이루기 때문이다.

흩어지지 않는 은하단

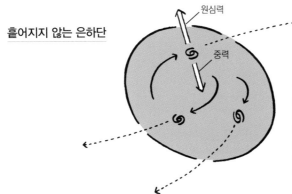

1933년, 스위스의 천문학자 프리츠 츠비키는 은하 하나하나가 모두 예상외로 빠른 속도로 공전하고 있음을 알아냈다. 그런 속도라면 계산상으로는 중력보다 원심력이 훨씬 강해서 은하단이 뿔뿔이 흩어져야 하는데, 실제로는 그렇지 않으니 뭔가 이상했다.

츠비키는 은하단에는 빛을 내지 않는 미발견 물질이 대량으로 존재하며, 그 중력 덕분에 은하들이 흩어지지 않고 은하단 속에 단단히 매여 있다고 생각했다. 이후 그 물질은 '암흑 물질'이라고 불리게 되었다.

암흑 물질의 정체는 아직 수수께끼로 남아 있다. 현재 가장 유력한 설에 따르면 '윔프(WIMP)'라는 미발견 소립자(→ p.40)가 암흑 물질의 정체라고 한다. 'WIMP'는 'weakly interacting massive particles'의 머리글자를 딴 이름으로, '질량을 가졌으나 약한 상호작용만 하는 입자'라는 뜻이다. 현재 전 세계에서 윔프를 발견하기 위해 다양한 관측 장치를 설치하고 있다.

우주의 가속 팽창

20세기 말까지 우주는 빅뱅의 타성으로 팽창하고 있을 뿐, 팽창 속도는 서서히 느려지고 있다고 여겼다.

종래의 설

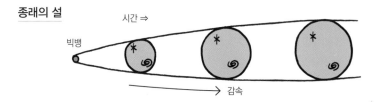

그러나 1998년, 미국의 천체 물리학자 브라이언 슈미트와 애덤 리스의 연구 그룹, 그리고 솔 펄머터의 연구 그룹이 몇십억 광년이나 떨어진 은하를 관측해 내며 우리의 생각과 달리 우주는 점점 속도를 높이면서 팽창하고 있음을 알아냈다.[8] 이 예상외의 발견으로 전 세계 과학자들은 큰 충격에 빠졌다.

현재의 정설

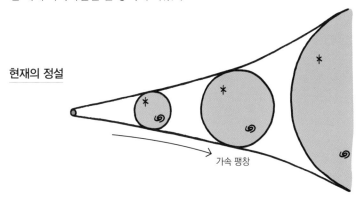

이처럼 우주를 가속 팽창시키는 요인을 '암흑 에너지'로 추정하고 있다. 암흑 에너지는 암흑 물질과 이름이 비슷하지만, 둘은 직접적인 관계가 없다. 둘 다 정체가 캄캄한 어둠 속에 감추어져 있다는 뜻에서 '암흑'이라는 수식어를 붙여 이름을 지었을 뿐이다.

우주 전체에 충만한 암흑 에너지는 마치 풍선에 주입되는 공기처럼 부지런히 우주를 넓혀 가고 있다. 게다가 우주가 팽창함에 따라서 암흑 에너지도 계속해서 늘어난다. 그 때문에 우주는 팽창할수록 팽창 속도가 점점 더 빨라진다.

일설에 따르면 아인슈타인은 일찍이 이런 아이디어를 떠올렸다고 한다. 그러나 그가 살았던 시대의 상식으로는 우주가 가속 팽창한다는 발상은 있을 수도 없는 일이었기에 자기 생각이 잘못된 것으로 여기고 아이디어를 철회해 버렸다고 한다.

과학 연구의 성과와 가치

논문과 과학자

몇 해 전, 일본에서는 STAP 세포[9]를 둘러싸고 한바탕 소동이 일었다. STAP 세포가 정말 존재하느냐, 논문 작성자에게 재현 실험을 시킬 것이냐 말 것이냐, 연구 기관과 공동 연구자에게는 책임이 있느냐 없느냐 등 다양한 논쟁이 벌어졌다. 일반 사회에서는 이런 부분들이 중요한 논점이 되지만, 과학계에서는 그것이 제대로 된 논문인지, 논문의 내용이 다른 연구자들에게 사실로 받아들여질 수 있는지 여부만이 중요하다.

연구자는 실험하고 결과를 낸 후에 "오케이, 다 했어!" 하고 연구를 끝내지 않는다. 자신이 수행한 실험의 내용을 논문으로 정리해야 한다. 연구 내용을 다른 연구자들에게 널리 알리고, 더욱 발전된 연구를 하고 응용할 수 있게 도움을 주기 위해서다. 연구자 대다수가 다른 사람의 연구를 디딤돌 삼아 또 다른 연구를 진행한다. 과학은 그렇게 진보한다. 그 중요한 중간 다리 역할을 하는 것이 논문이다.

논문을 쓸 때는 반드시 지켜야 하는 원칙이 있다. 거짓이나 숨김 없이 상세하게 연구 내용을 설명하고, 다른 연구자들이 똑같은 방법으로 똑같은 결과를 낼 수 있도록 해야 한다는 것이다. 논문 내용이 불충분하거나 거짓이나 숨김이 있으면 다른 사람은 그 연구의 가치를 판단할 수 없으며, 나아가 그 연구를 더 발전시키거나 응용하는 데 도움을 받을 수도 없다. 아무리 "제가 하면 만들 수 있습니다!" 하고 주장하더라도 해당 논문을 읽은 다른 연구자가 같은 결과를 내지 못한다면 그 논문은 무의미하다.

과학 세계에서는 불완전하거나 틀린 논문이 학술지에 게재되지 않도록 논문 심사 단계를 거친다. 연구자가 학술지에 논문을 투고하면 학술지 편집부에서는 해당 논문의 내용을 충분히 이해하고 가치를 판단할 수 있는, 같은 분야의 연구자를 몇 명 선정한다. 그리고 그 연구자들에게 논문을 읽게 해서 잡지에 게재하기에 적절한지 판단하게 한다. 이렇게 논문을 검토하는 사람을 '논문 심사 위원' 또는 '레퍼리'라고 한다. 심사 위원들은 논문을 읽고 이것이 의미 있는 연구인지, 연구 내용을 충분히 설명하고 있는지, 거짓이 섞여 있을 여지는 없는지 등을 판단해서 편집부에 의견을 전한다. 심사 위원들이 "오케이!"라고 판정을 내려야만 비로소 논문은 학술지에 실려 세상에 공표된다. 심사 단계에서 떨어지면 다시 처음부터 실험하고 새로 논문을 써야 한다.

그러나 논문 심사 체계가 일정한 효과를 발휘하기는 해도 완벽하다고 할 수는 없다. 논문에 거짓이 있더라도 읽는 것만으로는 파악할 수 없는 부분이 있을 것이다. 온갖 미사여구로 그럴싸하게 포장된 논문은 그 가치가 과대평가될 가능성도 있다. 따라서 학술지에 게재된 논문이라고 해서 무턱대고 다 옳고 중요한 논문이라고 여길 수는 없다.

연구가 훌륭한 성과로 인정받으려면 넘어야 할 산이 하나 더 있다. 논문이 학술지에 게재되면 심사 위원이나 편집자들보다 더 다양하고 많은 연구자에게 읽힌다. 만약 논문에 거짓이나 오류가 있다면 많은 연구자에게 노출될수록 허점이 드러나기 쉽다. 논문에 대해서는 누구든 자유롭게 이의를 제기할 수 있고, 그 주장이 옳으면 이의를 제기한 사람은 학계에서 높은 평가를 받는다. 이른바 상호 감시 체계다. 또 중요성이 낮은 논문은 연구자 대다수가 무시하기 때문에 보다 발전된 연구로 이어지지 않는다. 잊히고 사라져서 과학의 진보에 전혀 관여하지 못한다. 논문으로 정리되어 학술지에 실린 연구, 더불어 많은 연구자에게 인정받은 연구만이 옳고 중요한 연구로 후세에 남는다.

STAP 세포 논문은 어쨌거나 논문 심사 위원들에게 인정받아 학술지에 실렸다. 그러나 많은 사람이 그 논문을 읽고 이상한 부분과 앞뒤가 맞지 않는 내용을 몇 군데나 발견했다. 논문은 소동 끝에 저자가 철회했다. 결과적으로 논문이 없어졌으므로, 어떤 실험을 했고 어떤 결과를 내었든 해당 연구는 존재하지 않았던 것과 마찬가지가 되었다. 미래에 누군가 다른 연구자가 같은 방법으로 같은 세포를 만들고, 이를 논문으로 정리해 널리 인정받을 가능성은 분명히 있다. 그러나 그것은 미래 연구자의 성과일 뿐, 소동을 일으킨 인물의 성과가 아니다. 과학 연구의 가치는 논문, 오로지 그것으로 판가름 난다.

실험

논문 작성

논문 심사 위원

학술지에 게재

'흠흠'

많은 사람이 읽는다.

훌륭한 성과로
인정받는다.

1   천문단위의 기호는 한국이나 영어권에서는 'astronomical unit'의 머리글자를 따서 'AU'라고 쓰지만, 나라마다 조금씩 다르다.

2   태양계 내 천체의 거리를 나타낼 때는 주로 천문단위를 사용하고, 태양계를 벗어나면 광년이나 파섹을 많이 쓴다. 일반적으로 천체 간 거리를 나타낼 때는 광년을 쓰고, 파섹은 주로 연구자들이 사용한다. 가까운 천체의 거리를 연주 시차를 이용해 계산하는 일이 많고, 연주 시차를 정확하게 측정할 수 없을 만큼 멀리 있는 천체의 거리도 가까운 별의 거리를 바탕으로 추정할 수 있기 때문이다. 또한 별의 밝기를 비교한 '절대등급'은 모든 별이 10pc의 거리에 있다고 가정했을 때의 밝기다.

3   명왕성이 아직 행성이었던 2003년에 해왕성 바깥 천체 중에 명왕성보다 큰 것이 발견되었다. 나중에 '에리스'라는 이름을 얻은 이 천체는 현재 왜소행성으로 분류된다. 바로 이 에리스를 발견한 것을 계기로 국제 천문 연맹은 행성의 정의를 정식으로 정하기로 했다. 먼저 2006년 8월 16일에 첫 번째 안이 발표되었다. 그 내용은 '행성은 ① 태양을 중심으로 공전하고, ② 자신의 중력으로 공 모양을 유지할 정도로 질량이 크며, ③ 다른 행성의 위성이 아니어야 한다'는 것이었다. 그런데 이 정의를 따르게 되면 현재 왜소행성으로 분류되는 것들까지 행성의 지위를 얻게 되므로, 앞으로 더 많은 천체를 발견함에 따라 행성의 수가 지나치게 많아질 수 있다는 문제가 제기되었다. 그래서 '④ 자신의 궤도 근처에서 월등히 두드러지는 천체여야 한다'는 새로운 조건을 하나 추가해 두 번째 안을 발표했다. 그렇게 해서 2006년 8월 24일, 국제 천문 연맹은 행성의 정의를 표결에 부쳤고, 두 번째 안이 통과됨으로써 명왕성은 행성의 지위를 잃게 되었다.

4   국제 천문 연맹에서는 왜소행성을 '① 태양을 중심으로 공전하고, ② 자신의 중력으로 공 모양을 유지할 정도로 질량이 크며, ③ 자신의 궤도 근처에 비슷한 크기의 천체가 더 있어서 딱히 두드러지지 않으며, ④ 다른 행성의 위성이 아니어야 한다'고 정의했다.

5   최근에는 제9행성의 정체가 빅뱅 때 생긴 원시 블랙홀일 수 있다는 새로운 주장이 제기되었다.

6   혜성에서 방출된 먼지는 방출 직후에는 혜성과 함께 태양 주위를 돌지만, 차츰 혜성의 궤도 위에 자리 잡게 된다. 간혹 지구가 공전하다가 그곳을 통과하게 되면 혜성의 먼지가 일제히 지구 대기에 돌입한다. 이것이 바로 '유성', 즉 '별똥별'이다.

7   우리은하는 수많은 별이 두 개의 나선형 팔을 이루고 있는 평평한 형태로 종종 묘사된다. 그런데 2019년 2월, 호주 매쿼리 대학과 중국 과학원 공동 연구 팀이 우리은하의 원반이 외곽으로 갈수록 S자 형태로 뒤틀려 있음을 발견했다. 이후 2019년 8월, 폴란드 바르샤바 대학 천문관측소의 도로타 스코론 박사 연구 팀은 우리은하에 속한 별의 위치를 관측해 3차원 은하 구조를 그려 냄으로써 우리은하가 S자 형태로 뒤틀린 것을 시각적 형태로 보여 주었다.

8 이들은 우주가 무서운 속도로 가속 팽창한다는 것을 알아낸 공로를 인정받아 2011년 노벨 물리학상을 받았다. 그러나 최근 우리나라의 천문학자 이영욱 교수가 그동안의 연구 결과를 바탕으로 우주는 가속 팽창하지 않으며, 암흑 에너지도 존재하지 않는다고 주장해 학계에 도전장을 냈다. 이 주장이 기존 학설을 뒤집을지는 더 두고 볼 일이다.

9 2014년 1월, 일본 이화학 연구소와 미국 하버드 대학 연구진은 공동으로 진행한 연구에서 기존의 기술보다 훨씬 간단한 방법으로 줄기세포를 만들어 냈다고 〈네이처〉지에 발표했다. 그러나 '자극 야기성 다기능성 획득 세포(stimulus-triggered acquisition of pluripotency cells)', 즉 'STAP 세포'에 관한 이 논문은 얼마 지나지 않아서 다른 과학자들의 의문 제기와 검증 요구, 표절 및 데이터 조작 논란 등에 휩싸였다. 이 과정에서 다른 많은 과학자가 실제로 이 기법에 따라 줄기세포를 만드는 실험을 진행해 결과를 공유하기도 했고, 공저자 그룹 내부에서 서로 일치하지 않는 견해를 밝히기도 했다. 획기적인 논문을 작성한 제1저자로 국민 아이돌급 인기까지 얻었던 저자 오보카타 하루코는 논란이 계속되자 기자 회견 자리에서 자신은 정말 논문에 적은 기법대로 STAP 세포를 만드는 데 성공했다며 눈물로 호소했다. 하지만 결국 일본 이화학 연구소가 논문 날조 등을 인정하면서 논문은 철회되었고, 저자는 모교로부터 박사 학위를 박탈당했다.

마치며

'학교 다닐 때 과학 배운다고 그 고생을 했는데 시험 볼 때나 필요했지, 정작 사회생활에는 써먹을 일이 없어.' 많은 사람이 이런 생각 한 번쯤은 해 봤을 겁니다. 실제로 보통 사람들이 일상생활 중에 물체의 가속도를 계산해야 할 일은 별로 없습니다. 그런데도 과학은 모두에게 필요한 지식입니다. 쉽게 인정할 수 없다고요? 그렇다면 과학 지식은 과연 어떠한 형태로 우리에게 도움을 주는지 한번 살펴봅시다.

과학이 우리에게 어떤 도움을 주는지 가장 잘 답해 주는 말이 '원래 인간은 무엇이든 알고 싶어 하는 본능을 지녔고, 과학은 그 지적 욕구를 충족시켜 준다'가 아닐까 싶습니다. 인간이 지구를 지배할 수 있었던 까닭은 자연계를 빠짐없이 알고 싶어 했고, 틈만 나면 내키는 대로 조종하고 싶어 하는 본능을 지녔기 때문입니다. 그 본능이 모든 인류에게 이어졌으니, 의식적으로든 무의식적으로든 과학을 알고 싶어 하는 것은 인간의 숙명이라고 할 수 있습니다.

또 '과학 지식은 사람의 마음을 풍요롭게 한다'는 의견도 있습니다. 우주에 대해서 알면 알수록 사람은 그 장대함에 마음을 빼앗기고, 우리가 얼마나 작은 존재인지 깨닫습니다. 생명 활동의 메커니즘을 이해할수록 우리는 그 위대함과 섬세함을 더욱 마음에 새기게 되고, 생명을 소중히 여기는 마음이 깊어집니다.

이 두 가지 의견은 정확히 핵심을 찌르고 있지만, 개인적으로는 다소 '정신 승리'에 치우친 답이 아닐까 느껴지기도 합니다. 저는 과학 지식이 우리에게 아주 실질적이고 직접적인 도움을 준다고 생각합니다.

과학 지식은 우리 자신을 지키는 데 도움이 됩니다. 기상 현상 체계나 지구의 구조를 알면 자연재해에 대비할 수 있습니다. 세균이나 바이러스, 면역을 이해하면 병을 예방할 수 있습니다. 사기꾼에게 속지 않기 위해서도 과학은 필요합니다. 세상에는 과학의 탈을 쓴 허풍으로 우리의 지갑을 노리는 작자들이 많으니까요. 올바른 지식을 갖추고 있으면 그 거짓말을 간파할 수 있습니다. 요즘에는 화학 물질에 관한 과잉 공포를 부채질하거나 반대로 위험성을 은폐함으로써 더 큰 위험이나 재앙을 부르는 풍조도 보입니다. 과학 지식을 갖추면 세상의 유언비어에 속지 않고 스스로 판단해 알맞게 행동할 수 있습니다. 이렇듯 우리의 생명과 건강과 재산을 지키는 데 어느 정도의 과학 지식은 꼭 필요합니다.

하지만 일상생활과 직접적인 관계가 없는 분야, 예를 들어 소립자 물리학이나 우주 이론 등은 사는 데 정말 별 도움이 안 되는 것처럼 느껴집니다. 중성미자를 모른다고 병에 걸리거나 사기를 당할 일은 없을 테니까요. 그러나 과학은 광대한 지식이 서로서로 깊이 얽혀 있습니다. 중성미자의 성질이 분명하게 밝혀짐으로써 물리 이론이 완성에 가까워지고, 그에 따라 과학이 두루 발전해서 생물학이 진보하고, 지구과학도 한 걸음 더 나아가고…… 이렇게 영향이 퍼집니다. 그러다가 결국 우리와 직접 관련되는 상황에서 우리도 그 혜택을 보게 됩니다.

또 과학 연구의 부수적인 결과물들이 예상치 못하게 우리에게 도움을 주는 예도 많습니다. 소립자 실험의 방대한 데이터를 연구자들 사이에서 쉽게 공유하기 위해 구축한 시스템이 발전해서 인터넷이 된 예나, 우주 탐사를 위해 개발된 다양한 재료와 기술이 전자 기기나 태양 전지 등에도 쓰이면서 우리의 일상생활에 도움을 주는 예를 떠올려 보세요. 분명히 과학 지식은 모든 사람에게 구체적으로 도움을 줍니다.

그래서 누구나 과학을 알아야 합니다. 물론 자세한 이론이나 복잡한 계산까지 섭렵할 필요는 없습니다. 과학 용어를 들었을 때 머릿속에 대략적인 이미지를 떠올릴 수 있고, 과학자(또는 사기꾼)가 무슨 이야기를 하고 있는지 이해할 수 있는 정도의 지식이면 그동안 아리송했던 현상들이 조금 더 명확하게 보이지 않을까요? 《과학 용어 도감》이 여러분께 조금이나마 그런 도움을 줄 수 있다면 더할 나위가 없겠습니다.

이 책에는 편집자와 디자이너 등 여러 사람의 노고가 담겨 있습니다. 그중에서도 일러스트레이터 오바타 사키 씨에게 크나큰 고마움을 전합니다. 그는 제 다양한 생트집을 다 받아 주면서도 직관적이고 정감 있는 일러스트를 그려 주었습니다. 오바타 씨의 멋진 일러스트 덕분에 이 책은 이해하기 쉽고 화사한 지면을 갖게 되었습니다. 오바타 씨를 비롯해 도움 주신 여러분께 진심으로 감사드립니다.

참고 문헌

《양자 컴퓨터 Q》 조지 존슨 저, 김재완 옮김, 한승, 2007

《뇌 마음 인공 지능: 인간 뇌의 기능과 학습 과정을 통해 이해하는 인공 지능의 딥 러닝 학습법》 아마리 슌이치 저,
　　박혜영 옮김, 홍릉과학출판사, 2017

《원소의 새로운 지식》 사쿠라이 히로무 저, 김희준 옮김, 아카데미서적, 2002

《기상 구조 교과서: 날씨 예측에서 기상청을 이기는 눈·비·구름·바람·기후 메커니즘 해설》, 후루카와 다케히코·오
　　키 하야토 저, 신찬 옮김, 보누스, 2018

《Life: The Science of Biology》 David E. Sadava

長倉三郎、井口洋夫、江沢洋、岩村秀、佐藤文隆、久保亮五 編『岩波 理化学辞典』第五版、岩波書店

小田稔、野田春彦、上村洸、山口嘉夫 編『理化学英和辞典』研究社

国立天文台 編『理科年表 平成30年』丸善出版

『ブリタニカ国際大百科事典 小項目版』ブリタニカ・ジャパン

『日本大百科全書』小学館

『世界大百科事典』平凡社

左巻健男 編著『知っておきたい最新科学の基本用語』技術評論社

大槻義彦、大場一郎 編『新・物理学事典』講談社

鈴木炎『エントロピーをめぐる冒険』講談社

菊池誠、小峰公子、おかざき真里『いちから聞きたい放射線のほんとう』筑摩書房

巌佐庸、倉谷滋、斎藤成也、塚谷裕一 編『岩波 生物学辞典』岩波書店

『ライフサイエンス辞書』 (lsd-project.jp)

東京大学生命科学教科書編集委員会『理系総合のための生命科学』羊土社

杵島正洋、松本直記、左巻健男 編著『新しい高校地学の教科書』講談社

岡村定矩ほか 編『天文学辞典』日本評論社

谷口義明 監修『新・天文学事典』講談社

찾아보기

옮긴이 **윤재**

좋은 책, 재미있는 책을 많은 사람과 함께 읽고 싶어서 일하는 출판 기획자 겸 번역가. 기획부터 원서 발굴, 외서 검토, 편집과 번역까지 때에 따라 역할을 바꾸며 안 그래도 좋은 책이 더 빛나는 모습으로 독자들과 만날 수 있도록 책 뒤에서 갖은 열정을 불태우고 있다. 《펭귄의 사생활》, 《짝사랑은 시계태엽처럼》, 《갑자기 폭발하지 않는 기술》, 《게으른 족제비와 말을 알아듣는 로봇》 등을 우리말로 옮겼다.

과학 용어 도감
그림으로 기억하는 과학 상식

1판 1쇄 펴냄 2020년 1월 3일
1판 2쇄 펴냄 2022년 10월 5일

지은이 | 미즈타니 준
그린이 | 오바타 사키
옮긴이 | 윤재

펴낸이 | 박미경
펴낸곳 | 초사흘달
출판신고 | 2018년 8월 3일 제382-2018-000015호
주소 | (11624) 경기도 의정부시 의정로 40번길 12, 103-702호
이메일 | 3rdmoonbook@naver.com
네이버포스트, 인스타그램, 페이스북 | @3rdmoonbook

ISBN 979-11-968372-0-4 06400

이 도서의 국립중앙도서관 출판예정도서목록(CIP)은 서지정보유통지원시스템 홈페이지(http://seoji.nl.go.kr)와 국가자료공동목록시스템(www.nl.go.kr/kolisnet)에서 이용하실 수 있습니다. (CIP제어번호: CIP2019049044)